JN099384

酒井麻里子【著】

Googleの
対話型
生成AI

ジェミニ
Gemini
完全マニュアル

秀和システム

■本書の編集にあたり、下記のソフトウェアを使用しました

・Windows11

上記以外のバージョンやエディション、OSをお使いの場合、画面のバーやボタンなどのイメージが本書の画面イメージと異なることがあります。

■注意

本書の使い方

このSECTIONの機能について「こんな時に役立つ」といった活用のヒントや、知っておくと操作しやすくなるポイントを紹介しています。

このSECTIONの目的です。

このSECTIONでポイントになる機能や操作などの用語です。

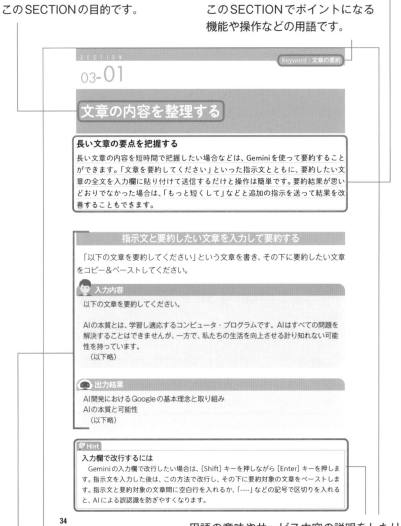

S E C T I O N

Keyword：文章の要約

03-01

文章の内容を整理する

長い文章の要点を把握する

長い文章の内容を短時間で把握したい場合などは、Geminiを使って要約することができます。「文章を要約してください」といった指示文とともに、要約したい文章の全文を入力欄に貼り付けて送信するだけと操作は簡単です。要約結果が思いどおりでなかった場合は、「もっと短くして」などと追加の指示を送って結果を改善することもできます。

指示文と要約したい文章を入力して要約する

「以下の文章を要約してください」という文章を書き、その下に要約したい文章をコピー＆ペーストしてください。

入力内容

以下の文章を要約してください。

AIの本質とは、学習し適応するコンピュータ・プログラムです。AIはすべての問題を解決することはできませんが、一方で、私たちの生活を向上させる計り知れない可能性を持っています。
　(以下略)

出力結果

AI開発におけるGoogleの基本理念と取り組み
AIの本質と可能性
　(以下略)

Hint

入力欄で改行するには

　Geminiの入力欄で改行したい場合は、[Shift]キーを押しながら[Enter]キーを押します。指示文を入力した後は、この方法で改行し、その下に要約対象の文章をペーストします。指示文と要約対象の文章間に空白行を入れるか、「----」などの記号で区切りを入れると、AIによる誤認識を防ぎやすくなります。

34

用語の意味やサービス内容の説明をしたり、操作時の注意などを説明しています。

「入力内容」は、Bardに入力する指示文（プロンプト）です。「出力結果」はBardからの回答を掲載しています。

❗ Check：操作する際に知っておきたいことや注意点などを補足しています。

💡 Hint：　より活用するための方法や、知っておくと便利な使い方を解説しています。

📘 Note：　用語説明など、より理解を深めるための説明です。

3

はじめに

　Googleの対話型生成AIは2023年春に「Bard」の名前で登場し、その後2024年2月に「Gemini」とサービス名を変えて生まれ変わりました。サービスの内側で動くモデルも同名の「Gemini」に刷新され、進化を続けています。

　さまざまな生成AIサービスが登場し、ユーザーの選択肢も増えた今、あえてGeminiを選ぶメリットは、Googleが提供するサービスだからこその強みにあるといえます。連携設定を行えばGmailやGoogleドキュメントの資料を探したりでき、回答に関連したGoogleマップを表示するといったことも可能になります。また、回答結果の信憑性を確認するために、関連するGoogleで検索できる機能なども用意されています。これも検索エンジンとしての高いシェアを誇るGoogleならではの強みといえるでしょう。

　さらに、2024年2月には有料プラン「Gemini Advanced」の提供が開始され、5月には最新モデルの「Gemini 1.5 Pro」が利用可能になりました。今後は、Googleドキュメントやメールのアプリ内でGeminiを利用できるサービスが強化されることや、Google検索でGeminiを利用できるようになることも予告されており、まだまだ進化は続きそうです。

　本書では、文章の要約や作成、情報の収集や整理などの基本的な使い方を中心に、プロンプトのサンプルや出力結果の例、指示方法のポイントなどを用途別に解説しています。さらに、他のGoogleサービスとの連携や画像を使った調べものといった一歩踏み込んだ活用方法についても紹介しています。まずは基本の使い方を覚え、慣れてきたら活用範囲を広げていくのがいいでしょう。

　これからはじめて生成AIに触れる方は、まずは難しく考えずに、「とりあえずGeminiに話しかけてみる」ことからスタートすることをおすすめします。想像以上に賢く、そして楽しい相棒であることがわかるはずです。

2024年6月

酒井 麻里子

Geminiは、「ChatGPT」などで有名な対話型生成AIの1つ。基本的に無料で使えて使用制限もなく、Googleアカウントがあればすぐにはじめられる。

Googleが作る生成AIなので、Googleサービスへの共有も簡単にできる。文章や書類の作成、アイデア出し、データを表にする、悩み事の相談などさまざまなことができる。AI相手だから遠慮せず何回でも聞ける。

出力された回答がしっくり来なければ、他の回答案も見れる。回答の根拠となるソースも確認できるので、ファクトチェックも手軽。

新機能が続々登場している。画像解析、位置情報の利用など。Google検索に生成AIによる概要が表示される「SGE」も登場。

5

目 次

Chapter01 Geminiとは

Chapter02 Geminiをはじめる 21

Chapter05　情報の収集・処理・分析をする

Chapter06　Googleサービスとの連携で便利に使う

Chapter07　Geminiをもっと便利に使う

Chapter08 画像や検索でAIを使う

Geminiとは

まずはGeminiがどのようなサービスなのかを知るところから
はじめましょう。Geminiは、AIでコンテンツを作成する「生
成AI」の一種に位置づけられます。生成AIには、Geminiのよ
うに文章を生成できるもののほか、画像を生成できるものなど
もあり、近年大きな注目を集めています。Geminiのように対
話形式で文章を生成できるAIサービスにはいくつかあります
が、Geminiは多くの機能を無料で利用できることや、利用回
数などに制限がないことが特徴となります。

01-01

Geminiを使うメリット

無料で手軽に使える対話型生成AI

Geminiは、初心者が手軽に使える対話型生成AIです。利用開始にあたっての難しい操作や登録は必要なく、ひととおりの機能を無料で利用可能。使えるブラウザなどの制限もないので、手元のPCやスマホからすぐに使い始められます。また、生成されたテキストをGmailやGoogleドキュメントといった他のGoogleサービスで使いたい場合の連携がスムーズに行えることもメリットです。

Googleアカウントがあれば誰でもすぐ使える

　Geminiは、GoogleアカウントにログインしてGeminiのサイトにアクセスすれば、誰でもすぐに利用が可能。すでにGoogleアカウントを持っているなら、それを利用して今すぐ使い始めることができます。また、新しくGoogleアカウントを作る場合も手順は簡単です。

すべての機能を無料で利用可能

　Geminiには有料プランもありますが、無料版でもひととおりの機能を使うことができます。利用回数などの制限もないので、対話型文章生成AIでどのようなことができるのかを試行錯誤しながら試したい場合にも気兼ねなく使うことが可能です。

利用可能ブラウザなどの制約がない

　使用するWebブラウザや使用端末などの環境を問わずに利用することが可能です。スマホのブラウザアプリからGeminiのサイトにアクセスすれば、スマホからも使うことができます。同じGoogleアカウントでアクセスした場合はチャットの履歴が共有されるので、複数の環境からでもストレスなく利用できます。

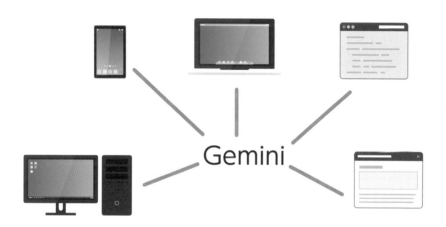

他のGoogleサービスとの相性がよい

　生成されたテキストをGmailやGoogleドキュメントに送ったり、表形式のデータをGoogleスプレッドシートに保存したりと、他のGoogleサービスと連携しやすい点もメリットです。後の作業もスムーズに行えます。

01-02

生成AIについて知ろう

コンテンツを"生成"できるから「生成AI」とよばれる

Geminiは、「文章生成AI」に分類されるAIの一種です。まずは生成AIの定義や従来のAIとの違い、文章生成AIの基本的なしくみについて知っておきましょう。生成AIには、文章のほかにも画像や音楽、動画などを生成できるものも開発されていますが、ここで「文章生成AI」に関することを中心に説明します。

「生成AI」ってどんなもの？

「生成AI」はその呼称のとおり、テキストや画像といったコンテンツを生成できるAIの総称です。生成AIではない従来のAIの場合、既存のデータに基づいて処理や分析を行います。たとえば、工場のラインを流れる商品をカメラで読み取ることで不良品を検知するシステムや、あらかじめ用意されたシナリオに沿ってユーザーからの質問に答える問い合わせ対応チャットボット、購入履歴に基づいてそのユーザーが興味をもちそうな商品を表示するECサイトのレコメンド機能などが挙げられます。それぞれ仕組みはことなりますが、いずれも事前に与えられた情報をもとに判断を行ったり、回答や提案を出したりしているに過ぎず、情報を新たに作り出しているわけではありません。

従来のAI

DATA

既存のデータをもとに
処理・分析

生成AI

ユーザーの指示で新たな
コンテンツを生成

それに対し生成AIは、たとえば、ユーザーが「猫の絵を描いて」と指示することで猫のイラストを出力したり、「商談のお礼のメールの文面を考えて」と指示することでメールの文章を出力したりするなど、ユーザーの指示を受けて新たにコンテンツを作り出すことが可能なのです。本書で扱うGeminiは生成AIのうち、文章をつくることのできる「文章生成AI」にあたります。また、チャット形式のやりとりを通して生成を行うインターフェイスが採用されていることから、「対話型文章生成AI」などと呼ばれることもあります。

文章生成AIのしくみは？

　文章生成AIを支えているのは、「大規模言語モデル」とよばれるモデルです。これは、大量のテキストデータから学習することで文章の構造を理解する仕組みで、自然言語（人間が使用する通常の言語）の指示を理解したり、人間が書いたような自然な文章を生成したりといったことが可能になります。現在、世界中のさまざまな企業や団体が大規模言語モデルの開発を手がけ、その性能を競い合っています。

　Geminiのサービスで採用されているのは、2023年12月にGoogleが発表した同名のモデル「Gemini」です。Geminiモデルには、複雑な処理に対応した「Gemini Ultra」、幅広いタスクに対応する「Gemini Pro」、スマホなどに搭載される「Gemini Nano」の3種類があり、Gemini Proについては最新バージョンである「Gemini 1.5 Pro」が有料プラン向けに提供されています。

大量のデータから学習　　　文章の構造を理解　　　指示の理解や文章の生成

▲大規模言語モデルは、大量のテキストデータから文章の構造を学習し、自然言語の指示を理解したり、人間のような文章を書いたりできる

Geminiの概要と他の生成AIとの違い

Geminiでできること・できないことを知ろう

実際に使い始める前に、Geminiでは何ができるのか、そして、できないことはどのようなことなのかを理解しておく必要があります。また、ChatGPTやCopilotなどの他の対話型文章生成AIとGeminiの違いや、それぞれの特徴などを把握しておくと、必要に応じて使い分けをすることも可能になります。

Geminiでできること

　Geminiでは、文章の作成や編集、情報収集、情報の整理やまとめをはじめ、さまざまな作業を行うことが可能です。チャット形式の画面上で指示を与えることで生成が行われ、追加の指示をすることで生成結果を修正したり追加の指示を行ったりすることも可能です。

> **Geminiでできること**
> ・メールや資料などの文章を作成する
> ・文章の要約や編集を行う
> ・文章を翻訳する
> ・企画やキャッチコピーを考える
> ・情報収集をする
> ・プログラミングコードを出力する

Geminiでできないこと

　ただし、Geminiは万能のツールではありません。Geminiとやりとりをしていると、まるで人間の感情を理解しているかのような回答が返ってくることがありますが、実際に人間と同じように感情を持っているわけではありません。また、必ずしも正しい回答ができるとは限らず、誤った情報が出力されてしまうケースもあります。さらに、そういった誤りの有無をGemini自身がチェックすることや、Geminiなどのもので生成した文章と人間の文章を、Geminiを使って識別することも困難です。できないことを理解したうえで、適切な用途に使うことが重要になります。

Geminiでできないこと

- 人間と同じように感情などを理解する
- 「完璧に正しい内容」を出力する
- 生成されたテキストの誤りをチェックする
- AIで生成された文章と人間が書いた文章を見分ける

他の対話型文章生成AIとの違い

　Geminiの他にも、対話型文章生成AIのサービスが存在します。その代表格といえるのが、2022年末にリリースされたOpen AIの「ChatGPT」でしょう。また、Microsoftは、ChatGPTと同じ大規模言語モデルを使った「Copilot（旧Bing Chat）」を2023年2月から提供しています。チャット形式で指示を与えて文章を生成する点は同じですが、機能や特徴に違いがあります。

	Gemini（Google）	ChatGPT（Open AI）	Copilot（Microsoft）
料金	基本無料／有料プラン（月額2900円）あり（※1）	基本無料／有料プラン（月額20ドル）あり	基本無料／有料プラン（月額20ドル）あり
最新情報の反映	可	可	可
外部サービスとの連携	可	回答をカスタマイズできる「GPTs」を利用可能	画像生成AI「DALL-E」を使った画像生成機能を搭載
特徴	Googleアカウントがあれば基本機能は無料で利用可能。GmailやGoogleドキュメントなど各種Googleサービスとの連携がしやすい。有料プランでは、最新の「Gemini 1.5 Pro」モデルを利用できる	従来は無料プランと有料プランで利用できる機能に違いがあったが、2024年5月のアップデートで、それまで有料で提供されていた機能の多くが無料開放されることが発表された。PDFのアップロードやデータ分析も可能	Microsoftのブラウザ「Edge」からアクセスし、Microsoftアカウントでログインすることで全機能を利用できるようになる。Web検索の結果を反映した最新情報の回答が可能で、会話のスタイルは3種類から選択可能
必要なアカウント	Googleアカウント	Open AIアカウント	Microsoftアカウント
提供開始時期	2023年3月	2022年11月	2023年2月

（※1　2TBのストレージ容量のついた「Google One AI プレミアム」プラン）

Geminiを使う際の注意点

利用時にはこれらを意識しよう

質問を入力するだけで簡単に回答を得られることが魅力のGeminiですが、回答をうのみにしてはいけません。ときには間違った回答が出力されることもあり、また、文章の表現もよく読むと不自然な箇所が見つかる場合があるので、それらを確認・手直ししたうえで使うことが不可欠になります。加えて、個人情報や機密情報を指示文として入力することも避けましょう。

Geminiの利用時に注意すること

内容が正しいか確認してから使う

　Geminiの出力結果は、必ずしも正しいとは限りません。まるで正しいかのような言い回しで、誤った回答が出力されるケースも少なくないのです。そのため、出力された文章の内容が本当に正しいかどうかを人の目できちんと確認してから使用する必要があります。

人による手直しを行ったうえで使う

　出力された文章は、一見きれいにまとまっているように見えても、よく読むと日本語として不自然な言い回しやぎこちない表現が含まれていることがあります。また、ネット上の情報を元に文章を生成していることから、既存の著作物のテキストがそのまま使われたものが出力される可能性も否定できません。そのため、出力結果はあくまでも「下書き」と考え、必ず人間が仕上げをおこないましょう。

個人情報・機密情報は入力しない

　Geminiに入力した指示文は、Geminiの性能向上のために利用されることがあるとされています。そのため、個人情報や機密情報、AIのトレーニングに利用されたくない情報の入力は避けるようにしましょう。書類の個人情報が入る箇所にはダミーの文字列を入れ、後から手動で差し替えるなどの工夫が必要です。

Geminiをはじめる

この章では、実際にGeminiを使い始める手順を紹介していま
す。Geminiを利用するにはGoogleアカウントが必要になり
ますが、おそらく多くの人が、すでに他のサービスで使ってい
るGoogleアカウントを持っているのではないでしょうか？
そんな使い始めのハードルの低さもGeminiのよいところで
す。有料プランの設定も用意されていますが、基本機能は無料
で使うことができるので、まずは気軽に触れ、試行錯誤しなが
ら使い方のコツをつかんでいくのがおすすめです。

02-01

Googleアカウントを作成する

Googleアカウントを新規作成する

Geminiを利用するには、Googleアカウント（Gmailアドレス）が必要になります。すでにGoogleアカウントを持っていれば、そのアカウントでログインすることでも利用できますが、ここでは新規作成する方法を紹介します。アカウント作成時には、認証作業のために携帯電話番号の入力が必要になります。

メールアドレスやパスワードを決める

1 ブラウザーを起動する。Googleアカウントのページ（https://www.google.com/intl/ja/account/about/）にアクセスして、「アカウントを作成する」をクリック。

💬 Hint

既存のGoogleアカウントでログインする

すでに所有しているGoogleアカウントでログインしたい場合は、手順1の画面で「Googleアカウントに移動」をクリックし、ログイン画面から自分のGmailアドレスとパスワードでログインします。

2 氏名を入力して、「次へ」をクリック。

3 生年月日と性別を選択し、「次へ」をクリック。

4 Gmailアドレスを選択または入力。提案されたものを選択することも自分で文字列を入力することも可能。ここでは自分で入力する。「自分でGmailアドレスを作成」を選択してGmailアドレスに使う文字列を入力したら、「次へ」をクリック。

5 作成したGmailで使用するパスワードを決めて2回入力し、「次へ」をクリック。

確認コードを入力してアカウント作成を完了する

6 携帯電話番号を入力し、「次へ」をクリック。

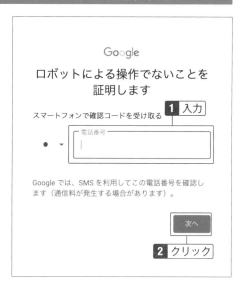

7 スマホのメッセージアプリに届いた番号を確認する。

8 確認した番号を入力して「次へ」を
クリックする。なお、この後に「再設
定用のメールアドレスの追加」と
「電話番号を追加」の画面が表示さ
れる。いずれも任意だが、入力して
おくとログインできなくなった場合
などに役立つ。「スキップ」をクリッ
クして先に進めることも可能。

9 作成したメールアドレスが表示され
るので「次へ」をクリック。次の画面
で「プライバシーと利用規約」が表
示されるので、内容を確認して「同
意する」をクリックする。

10 Googleアカウント
の作成が完了した。

02-02

Geminiを使い始めるには？

Geminiにアクセスしてみよう

Geminiは、Webからサイトにアクセスして Google アカウントでログインすれば、すぐに利用することが可能です。初めて Gemini にアクセスしたときは利用規約などの画面が表示されます。ただし、ビジネス向けサービスの「Google Workspace」を利用している場合は、管理者側で Gemini の利用を許可していないと使うことができないので注意してください。

Googleアカウントにログインして Geminiを開く

1 Geminiのトップページ（https://gemini.google.com/）にアクセスして、「ログイン」（すでにGoogleアカウントにログインしている場合は「Geminiと話そう」）をクリック。

2 利用規約を確認し、最下部までスクロールして「同意する」をクリック。

3 メッセージ内容を確認し、「続ける」をクリック。

Gemini へようこそ

Gemini を使用する際は、次の点にご留意ください。

Gemini はいつも正しいとは限りません
Gemini で生成される情報は不正確または不適切な場合があります。内容に疑わしい点がある場合は、Google ボタンを使って Gemini の回答を再確認してください。

Gemini は拡張機能を使用することがあります
有用なコンテンツを提供するため、Gemini アプリはユーザーとの会話の一部やその他の関連情報（位置情報など）を他のサービスと共有することがあります。ユーザーが後で Gemini アプリ アクティビティを削除しても、これらのサービスは改善のためにその情報を使用する場合があります。拡張機能は、[拡張機能] ページでいつでもオフにできます。詳しくは、Gemini アプリのプライバシーに関するヘルプハブをご覧ください。

Gemini はフィードバックにより改善されます
回答を評価し、不適切または安全でないと思われる場合は内容をご報告ください。

Gemini のアップデートに関する最新情報をお届けします

1 クリック

続ける

4 Geminiのチャット画面が開き、利用が可能になる。

Gemini

こんにちは、花子 さん
ご用件をお聞かせください。

学問の説明　　職業に関するアドバイス　　キャッチコピーの作成　　メールの下書き

ここにプロンプトを入力してください

Geminiは不正確な情報（人物に関する情報など）を表示することがあるため、生成された回答を再確認するようにしてください。プライバシーと Gemini アプリ

Hint

Geminiにすばやくアクセスする

次回からスムーズにアクセスできるように、チャット画面のページをブラウザのブックマーク（お気に入り）に保存しておきましょう。Google Chrome、Microsoft Edgeなら、[Ctrl] + [D] のショートカットキーでブックマークに保存できます。

ブックマークを追加しました　×
このページは ブックマーク バー に保存されています

編集　　完了

子 さん

Google WorkspaceでGeminiを使うには

1 Google Workspaceの
アカウントでGeminiに
アクセスしたときに、
「Geminiはこのアカウ
ントでは利用できませ
ん」というメッセージが
表示される場合は、管理
者のアカウントでGemi
niへのアクセスを有効
にする必要がある。

2 管理者が管理コンソー
ル（https://admin.goo
gle.com）にアクセス
し、サイドバーで「アプ
リ」→「その他のGoog
leサービス」をクリッ
ク。表示されるサービス
一覧の「Gemini」をク
リックする。

3 「サービスのステータ
ス」をクリックし、「オ
ン」をクリック。「保存」
をクリックする。

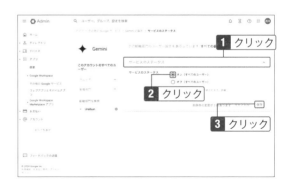

02-03

Geminiの特徴を知ろう

チャット形式の画面で文章生成ができる

Geminiでは、チャット形式の画面から指示文を送ることで回答を得ることができます。回答に対して追加の指示を行ったり、出力内容を修正したりといったことも可能で、まるで人間と会話をしているような感覚でやりとりをしながら、文章生成を行えます。ここでは、Geminiの画面構成と、基本的な操作について解説します。

Geminiの画面構成

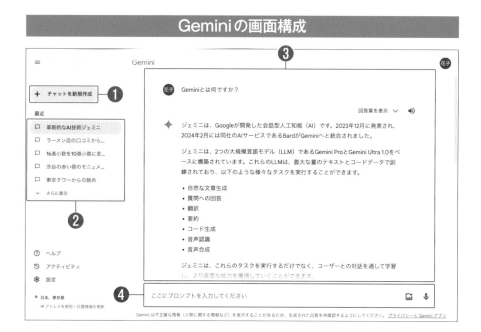

1️⃣ **チャットを新規作成**：新しいチャットを作成する
2️⃣ **チャット履歴**：過去のチャットの履歴が時系列で表示される
3️⃣ **メイン画面**：入力した指示文と、その回答が表示される
4️⃣ **入力ボックス**：指示文をここに入力する

［指示文を入力・送信する］

画面下部の入力ボックスに指示文を入力して送信アイコンをクリックすると指示文を送信できる。

［新しいチャットを開く］

サイドバー上部の「＋チャットを新規作成」をクリックすると、新しいチャット画面が開く。

［過去のチャットを開く］

サイドバーの履歴一覧から、表示したいチャットをクリックするとそのチャットが開き、追加の指示を行うことも可能。最初に表示されるのは直近の5件のみなので、それ以前の履歴を見たいときは、「さらに表示」をクリックする。

[サイドバーの表示／非表示を切り替える]
画面左上の「≡」をクリックすることで、サイドバーの表示と非表示を切り替えることができる。

[指示文を修正する]
送信済みの指示文の右側に表示されたペンのアイコンをクリックして編集を行える。

[回答を書き換える]
回答の下部に表示される、左から3番目のアイコンをクリックして、書き換えのスタイルを選べる。

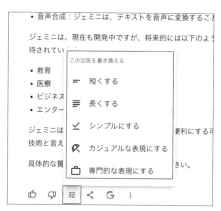

[回答を共有・エクスポートする]
回答の下部に表示される、左から4番目の共有アイコンをクリックすると、他のユーザーと共有したり、Gmailなどの他のサービスに書き出したりできる。

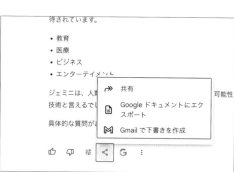

02-04

Gemini の使い方で困ったときは？

ヘルプページはここから表示

Gemini を使っていて困ったことがあったときは、公式のヘルプページも参照しましょう。Gemini に関すること全般や、使い方について知りたいときは「ヘルプ」ウィンドウを利用します。このほかに、「ヘルプ」をクリックしたときに表示されるメニューの「プライバシーハブ」では、プライバシーの扱いについての方針や設定の変更方法などを見ることができます。

ヘルプページでわからないことを調べる

1 サイドバー下部の「ヘルプ」をクリックして、表示されたメニューから「ヘルプ」をクリック。

2 小さなウィンドウが開き、ヘルプページが表示される。検索ボックスに知りたいことを入力して調べることができる。

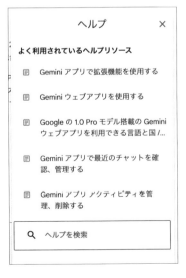

文章を編集する

Geminiのような文章生成AIの得意分野のひとつが、既存の文章の要約や書き換えといった編集作業です。たとえば、長い文章を要約して概要を把握しやすくしたり、箇条書きの会議メモから議事録を作成したり、文体を変えたりといったことが簡単に行えます。人間がきっちりと作業したときのような完璧な精度で編集を行えるわけではないため、最終的には人の手による仕上げを行うことは不可欠ですが、下書きを簡単に作成できるようになることで、作業効率を大幅に削減できます。

03-01

文章の内容を整理する

長い文章の要点を把握する

長い文章の内容を短時間で把握したい場合などは、Geminiを使って要約すること
ができます。「文章を要約してください」といった指示文とともに、要約したい文
章の全文を入力欄に貼り付けて送信するだけと操作は簡単です。要約結果が思い
どおりでなかった場合は、「もっと短くして」などと追加の指示を送って結果を改
善することもできます。

指示文と要約したい文章を入力して要約する

　「以下の文章を要約してください」という文章を書き、その下に要約したい文章
をコピー＆ペーストしてください。

 入力内容

以下の文章を要約してください。

AIの本質とは、学習し適応するコンピュータ・プログラムです。AIはすべての問題を
解決することはできませんが、一方で、私たちの生活を向上させる計り知れない可能
性を持っています。Googleは、スパムに悩まされず簡単に文面を作成できるメール
や、自然な言葉で話しかけることができるデジタルアシスタント・・・
　（以下略）

出力結果

AI開発におけるGoogleの基本理念と取り組み
AIの本質と可能性

　AIは学習と適応を繰り返すコンピュータプログラムであり、私たちの生活を大きく
向上させる可能性を秘めています。Googleは、スパム対策、自然言語処理、写真管
理など、様々な製品にAIを活用し、利便性を向上させています。

社会課題への貢献

　Googleは、森林火災予測、牛群の健康管理、医療診断支援など、喫緊の課題解決に
AIを活用しています。これらの取り組みは、AIが社会に貢献できることを示していま
す。

AI開発における責任

　一方で、強力な技術であるAIは、倫理的な問題も孕んでいます。GoogleはAIのリーダーとして、この問題に積極的に向き合い、以下の7項目の基本理念に基づいて開発を進めています。

7項目の基本理念
　　1.社会にとって有益である
　　2.不公平なバイアスの発生、助長を防ぐ
　　3.安全性確保を念頭においた開発と試験
　　4.人々への説明責任

❤️ Hint

入力欄で改行するには

　Geminiの入力欄で改行したい場合は、[Shift] キーを押しながら [Enter] キーを押します。指示文を入力した後は、この方法で改行し、その下に要約対象の文章をペーストします。指示文と要約対象の文章間に空白行を入れるか、「----」などの記号で区切りを入れると、AIによる誤認識を防ぎやすくなります。

要約結果を調整する

　要約結果をもっと短くしたい場合は、続けて「もっと短い文章でまとめてください」と入力します。

💬 出力結果

Google AI開発の基本理念

　Googleは、社会に貢献し、倫理的な問題を回避するために、以下の7項目の基本理念に基づいてAI開発を進めています。
　　1.社会にとって有益である
　　2.不公平なバイアスを防ぐ
　　3.安全性確保を念頭に置く
　　4.人々への説明責任を果たす
　　5.プライバシーを尊重する
　　6.科学的卓越性を追求する
　　7.責任ある利用を促進する
　Googleは、これらの理念に基づき、長期的な視点でAI開発を進め、社会に貢献していくことを目指しています。

03-02

文章の重要ポイントをまとめる

「ポイント」を挙げてわかりやすくまとめることが可能

長い文章をよりシンプルに「3つのポイント」などにしぼってまとめることも可能です。内容をすばやく理解したい場合などに役立ちます。要約の場合と同様に、指示文と共に元となるテキストをコピー＆ペーストしましょう。また、出力されたポイントをより簡潔にまとめることも可能です。

「3つのポイント」を挙げてまとめる

「以下の文章でとくに重要なポイントを3つ挙げてください。」という文章を書き、その下に箇条書きにしたい文章をコピー＆ペーストしてください。

入力内容

以下の文章でとくに重要なポイントを3つ挙げてください。

「生成AI」はその呼称のとおり、テキストや画像といったコンテンツを生成できるAIの総称です。生成AIではない従来のAIの場合、既存のデータに基づいて処理や分析を行います。たとえば、工場のラインを流れる商品をカメラで読み取ることで不良品を検知するシステムや、あらかじめ用意されたシナリオに沿ってユーザーからの質問に答える問い合わせ対応チャットボット、購入履歴に基づいてそのユーザーが興味をもちそうな商品を表示するECサイトのレコメンド機能・・・

（以下略）

出力結果

生成AIの重要なポイント3つ

1.既存のデータから新たなコンテンツを生み出す：生成AIは、画像や文章などのコンテンツをゼロから作り出すことができます。従来のAIは、与えられたデータに基づいて処理・分析を行うのみでしたが、生成AIは人間の創造性を模倣し、新しい情報を生み出すことができます。

2.ユーザーの指示に応じたアウトプット：生成AIは、ユーザーの指示や要望に応じて、さまざまなコンテンツを生成することができます。例えば、猫の絵を描いたり、商談のお礼メールの文面を作成したり、小説の続きを執筆したりすることも可能です。

3.文章生成AI「Gemini」：本書で扱うGeminiは、文章生成AIの中でも対話型インターフェイスを採用しており、ユーザーとの自然な会話を通して文章を生成することができます。質問への回答、文章の要約、創作活動など、幅広い用途で活用できます。

補足：生成AIは、画像生成、音楽生成、動画生成など、文章以外にもさまざまな分野で活用されています。今後、さらなる技術革新によって、生成AIの可能性は無限に広がっていくと考えられます。

「ポイント」をより簡潔にまとめる

出力された「ポイント」をより簡潔にまとめたい場合は、上記の出力結果に続けて「3つのポイントを、より簡潔にまとめてください」と指示します。

 入力内容

3つのポイントを、より簡潔にまとめてください

「生成AI」はその呼称のとおり、テキストや画像といったコンテンツを生成できるAIの総称です。生成AIではない従来のAIの場合、既存のデータに基づいて処理や分析を行います。たとえば・・・
　（以下略）

🤖 出力結果

生成AIの3つのポイント
　1.ゼロからコンテンツを生み出す：画像や文章など、新しい情報を作り出すことができます。
　2.ユーザーの指示に応じる：指示や要望に応じて、さまざまなアウトプットを生成できます。
　3.対話型文章生成AI「Gemini」：自然な会話を通して文章生成、質問回答、要約、創作など、幅広い用途で活用できます。

03-03

文章からQ&Aを作成する

「よくある質問」も簡単に作ることができる

Geminiでは、文章の内容をQ&A形式でまとめ直すこともできます。企業のWeb
サイトなどに掲載する「よくある質問」の項目を抽出したい場合などに役立ちま
す。また、「先生」と「生徒」のように登場人物の役割を指定することで、会話形式
にすることも可能です。目的に応じた形式に書き換えることで、スムーズな理解
を助けることができます。

文章からQ&Aを作成する

　「以下の文章をQ&A形式にしてください」という文章を書き、その下に箇条書き
にしたい文章をコピー＆ペーストしてください。

 入力内容

以下の文章をQ&A形式にしてください

「生成AI」はその呼称のとおり、テキストや画像といったコンテンツを生成できるAI
の総称です。生成AIではない従来のAIの場合、既存のデータに基づいて処理や分析
を行います。たとえば、工場のラインを流れる商品をカメラで読み取ることで不良品
を検知するシステムや、あらかじめ用意されたシナリオに沿ってユーザーからの質問
に答える問い合わせ対応チャットボット、購入履歴に基づいてそのユーザーが興味を
もちそうな商品を表示するECサイトのレコメンド機能などが挙げられます。それぞ
れ仕組みは・・・

　（以下略）

出力結果

Q：生成AIとは何ですか？
A：生成AIは、テキストや画像といったコンテンツを新たに作り出すことができるAI
の総称です。

Q：従来のAIと何が違うのですか？
A：従来のAIは、既存のデータに基づいて処理や分析を行うのみです。一方、生成AI
は、ユーザーの指示を受けて新しい情報を作り出すことができます。

Q：生成AIの例を挙げられますか？
A：以下のようなものが挙げられます。
　・ユーザーの指示に基づいて猫の絵を描いたり、商談のお礼のメールの文面を考え
たりするAI
　・ニュース記事や小説、詩などの文章を自動で生成するAI
　・画像や動画を編集したり、新しい画像や動画を生成したりするAI

Q：生成AIはどのように使われていますか？
A：生成AIは、以下のような分野で活用されています。
　・クリエイティブなコンテンツ制作
　・文章の自動生成
　・画像・動画の編集・生成
　・チャットボット
　・その他

文章生成AI
Q：文章生成AIとは何ですか？
A：文章生成AIは、生成AIの一種で、文章を自動的に生成するAIです。

Q：文章生成AIの種類は？
A：文章生成AIには、以下のような種類があります。
　・対話型文章生成AI：ユーザーとの対話を通して文章を生成するAI
　・非対話型文章生成AI：ユーザーとの対話なしに文章を生成するAI

Q：文章生成AIの例を挙げられますか？
A：以下のようなものが挙げられます。
　・ニュース記事や小説、詩などの文章を自動で生成するAI
　・チャットボット
　・その他

Q：文章生成AIはどのように使われていますか？
A：文章生成AIは、以下のような分野で活用されています。
　・ニュース記事やブログ記事の自動生成
　・小説や詩などの創作活動
　・チャットボット
　・その他

Geminiについて
　（以下略）

文章を質疑応答の会話形式にする

同じ内容を、質疑応答の会話形式にすることもできます。たとえば、「先生」と「生徒」の会話にしたい場合は、上記に続けて「このQ&Aを、"先生"と"生徒"の会話形式にしてください」と入力します。

 入力内容

このQ&Aを、「先生」と「生徒」の会話形式にしてください

出力結果

生徒：先生、生成AIって何ですか？
先生：生成AIは、テキストや画像といったコンテンツを新たに作り出すことができるAIの総称だよ。
生徒：へぇー、すごいですね！従来のAIと何が違うんですか？
先生：従来のAIは、既存のデータに基づいて処理や分析を行うだけなんだ。一方、生成AIは、ユーザーの指示を受けて新しい情報を作り出すことができるんだよ。
生徒：例えばどんなものがありますか？
先生：以下のようなものが挙げられるよ。
　・ユーザーの指示に基づいて猫の絵を描いたり、商談のお礼のメールの文面を考えたりするAI
　・ニュース記事や小説、詩などの文章を自動で生成するAI
　・画像や動画を編集したり、新しい画像や動画を生成したりするAI
生徒：すごい！生成AIはどのように使われていますか？
先生：生成AIは、以下のような分野で活用されているよ。
　・クリエイティブなコンテンツ制作
　・文章の自動生成
　・画像・動画の編集・生成
　・チャットボット
　・その他
生徒：文章生成AIって何ですか？
先生：文章生成AIは、生成AIの一種で、文章を自動的に生成するAIだよ。
生徒：文章生成AIの種類は？
先生：文章生成AIには、以下のような種類があるよ。
　・対話型文章生成AI：ユーザーとの対話を通して文章を生成するAI
　・非対話型文章生成AI：ユーザーとの対話なしに文章を生成するAI
生徒：文章生成AIの例を挙げられますか？
　（以下略）

03-04

Webページや PDF の内容を要約する

全文をコピー＆ペーストせずに要約できる

ここまでに紹介した手順では、対象となる文章の全文をチャット画面にコピー＆ペーストすることで、要約や書き換えを行ってきました。ですが、Webページの情報や、Web上で公開されている PDF ファイルの場合、URL を指定するだけで要約が可能なケースもあります。ただし現時点では、指定したページが必ずしも正確に要約できるとは限りません。

Webページを URL から要約する

Webページの内容を要約したい場合は、「このWebページの内容を要約してください」という文章に続けて、要約したいページのURL をコピー＆ペーストしてください。

 入力内容

このWebページの内容を要約してください
https://blog.google/intl/ja-jp/company-news/technology/gemini-jp/

🤖 出力結果

このWebページは、Googleが開発した新しい高性能AIモデル「Gemini」についての記事です。AIが人々の生活をどのように改善できるかについて議論しています。GoogleのCEOであるSundar Pichai氏は、AIはモバイル電話の普及よりも大きな影響を与えると考えています。
記事では、Geminiの機能についても詳しく説明しています。Geminiは、複雑なトピックを理解して推論することができます。Geminiは、コードの生成、言語の翻訳、質問への包括的な回答に使用できます。

PDFを公開URLから要約する

　Web上に公開されているPDFファイルを要約したい場合は、資料の内容について
てたずねる指示文に続けて、要約したいPDFファイルのURLをコピー&ペースト
してください。

入力内容

この資料にはどんなことが書かれていますか？重要なポイントを整理してまとめてく
ださい。
https://www.bunka.go.jp/seisaku/bunkashingikai/chosakuken/hoseido/
r05_07/pdf/94024201_01.pdf

出力結果

この資料は、人工知能（AI）と日本の著作権法の関係について論じています。著作者
や権利者、AI開発者やサービスプロバイダー、AIユーザーの懸念について議論してい
ます。この資料は、AIと著作権に関する法的先例が現在ないことを認めています。ま
た、この文書には法的拘束力がないことも述べています。
　重要なポイントの1つは、著作権法の目的は、著作者の権利とフェアユースのバラン
スを取ることです。著者は、AIの開発と使用は、人間の創造性に著作権法が適用され
る方法と整合的であるべきであると推奨しています。
　この資料は、AIと著作権法に関する議論の基礎となる重要な文書です。AIの開発と
使用が著作権法にどのように影響するかを理解するために、この資料を読むことをお
勧めします。

⚠ Check

WebページやPDFは正しく要約できるとは限らない
　WebページおよびWeb上に公開されているPDFファイルの要約は、現状では必ずしも
正しい結果が出るとは限りません。同じサイト内で公開されている別のページの要約が出
力されてしまったり、PDFを要約する指示に対して「そちらについてはお手伝いできませ
ん」と出力されたりするケースもあります。その場合は、03-02で紹介した要領で、ファイ
ルやページの全文をコピー&ペーストしてテキストとして入力欄に貼り付けることで要約
を行う必要があります。

03-05

長い文章を表にまとめる

表形式での出力も可能

Geminiでは、表（テーブル）形式で結果を出力することもできます。文章で書かれた内容を表にまとめ直したい場合、表の項目を指定したうえで書き換えの指示をすることで、意図した形式の表を作ることができます。ここでは、Google Japan Blogに公開されているGoogle検索の進化についての記事を、「西暦」と「トピック」「内容」で表にまとめています。

長い文章を表にまとめる

　以下のように表の項目を指定した上で、表形式にまとめたい文章をコピー＆ペーストしてください。

 入力内容

以下の内容について、「西暦」「トピック」「内容」を表形式にまとめてください。

2001：画像検索
米歌手のジェニファー ロペスが 2000 年のグラミー賞に出席したとき、彼女の大胆なヴェルサーチのドレスは瞬く間にファッション界の伝説となり・・・
　（以下略）

 出力結果

西暦	トピック	内容
2001	画像検索	ジェニファー・ロペスのグラミー賞ドレスの写真検索の需要から開発
2001	「もしかして」	スペルミスの修正を提案する機能
2002	Google ニュース	9.11 同時多発テロ事件のニュースニーズを満たすために開発
2003	イースターエッグ	「人生、宇宙、すべての答え」など、隠しコマンドの開発
2004	オートコンプリート	検索窓に文字を入力するだけで、候補を表示する機能
2004	地域の情報	地図やルート、レビューなどの情報を表示する機能

2006	Google 翻訳	日本語と英語間のテキスト翻訳機能をリリース
2006	Google トレンド	検索のトレンドを集計して表示する機能
2007	ユニバーサル検索	リンク、画像、動画、地元の検索結果など、すべてのコンテンツタイプをまとめて表示する機能

（以下略）

表に載せる項目を絞り込む

特定の項目に絞り込んだ表を作成したい場合は、続けて以下のように表に含めたい範囲を指定します。

 入力内容

「西暦」が2020年以降の項目だけを載せた表を作成してください

出力結果

かしこまりました。2020年以降の項目だけを載せた表を作成しました。

西暦	トピック	内容
2020	Shopping Graph	製品のリアルタイム情報や販売者、ブランド、レビュー、在庫などを集約したデータベース
2020	鼻歌検索	ハミングや口笛、歌声を入力することで、曲名を特定する機能
2021	「この結果について」	検索結果の信頼性を判断するための情報を表示する機能
2022	マルチ検索	テキストと画像を同時に検索する機能
2023	Search Labs と生成 AI による検索体験 (SGE)	生成 AI を活用した新しい検索体験

⚠ **Check**

URLを指定してWebの内容を表にすることは可能？

2024年4月現在、WebページのURLを指定して、「このページを表形式にまとめて」と指示した場合の精度はあまり高いとはいえません。そのため、ここで紹介しているように、表にしたい部分のテキストをコピー＆ペーストする方法をおすすめします。

箇条書きのメモから議事録を作成する

自分でまとめ直す手間は不要

会議の議事録を作る場合も、議事内容を箇条書きにしたメモや、会議内容を文字起こししたテキストデータがあれば、それをもとにGeminiが議事録の形式にまとめてくれます。議事録中の参加者の苗字に職名をつけるなど、出力された議事録に対して細かい修正を行いたい場合も、最初の出力結果に続けて指示することで、該当箇所だけを修正することができます。

会議メモから議事録を作成する

以下の指示文に続いて、箇条書きの会議メモをコピー＆ペーストします。

 入力内容

以下は会議のメモです。このメモを読みやすい議事録としてまとめてください。

2023年9月28日 14:00〜15:30　3階 会議室B
出席者：部長 山田、課長 佐藤、担当者 鈴木、田中、伊藤
新商品「エコロジーペン」の開発状況
鈴木：素材は再生プラスチックを90％使用。インクは水ベースで環境負荷を低減・・・
（以下略）

出力結果

2023年9月28日 商品開発会議 議事録
日時 2023年9月28日 14:00〜15:30
場所 3階 会議室B
出席者
　・部長 山田
　・課長 佐藤
　・担当者 鈴木、田中、伊藤
議題
・新商品「エコロジーペン」の開発状況報告
　（中略）
議事内容

1. 新商品「エコロジーペン」の開発状況報告
鈴木から、新商品「エコロジーペン」の開発状況が報告された。素材は再生プラスチックを90%使用し、インクは水ベースで環境負荷を低減している。田中からはサンプルの評価が報告され、書き味の良さとデザインが好評であることが確認された。山田は、販売価格とコストを再確認して、来週中に決定するように指示した。
　（中略）
次回会議
2023年10月5日 14:00〜　3階 会議室A
備考
　・新商品「エコロジーペン」の販売価格とコストは、来週中に決定する。
　・「スマートオーガナイザー」のマーケティング戦略は、競合商品との差別化を強化し、特長を明確にアピールすることにする。
　・2024年度の開発目標とテーマは、次回会議で具体的なプランを検討する。

議事録の細部を調整する

　出力された議事録のうち、役職者の名前には職名をつけたい場合、続けて以下のように入力します。

 入力内容

「山田」を「山田部長」、「佐藤」を「佐藤課長」に書き換えてください。

 出力結果

　（前略）
鈴木から、新商品「エコロジーペン」の開発状況が報告された。素材は再生プラスチックを90%使用し、インクは水ベースで環境負荷を低減している。田中からはサンプルの評価が報告され、書き味の良さとデザインが好評であることが確認された。山田部長は、販売価格とコストを再確認して、来週中に決定するように指示した。
　（以下略）

⚠ Check

出力結果は必ず確認する
　出力された議事録は、重要箇所の抜け・漏れがないか、誤解を招く表現になっていないかなどを、必ず確認しましょう。

03-07

「だ・である」調と「です・ます」調を変更する

文体の書き換えが一瞬で完了する

文章の「だ・である」調（常体）と、「です・ます」調（敬体）を書き換えたい場合も、元の文章をコピー＆ペーストして指示するだけで一瞬で完了します。長い文章もまとめて書き換えできるので、人の手で書き換えを行う場合に比べ、作業時間の大幅な節約が可能です。今回は常体から敬体への書き換えを行っていますが、同様に、敬体から常体への書き換えも可能です。

文章を常体から敬体に書き換える

　「だ・である」調から「です・ます」調に書き換えたい場合は、以下の指示文に続けて書き換えをしたい文章をコピー＆ペーストします。

入力内容

以下の文章を、「です・ます」調に書き換えてください。

鈴木から、新商品「エコロジーペン」の開発状況が報告された。素材は再生プラスチックを90％使用し、インクは水ベースで環境負荷を低減している。田中からはサンプルの評価が報告され、書き味の良さとデザインが好評であることが確認された。山田部長は、販売価格とコストを再確認して、来週中に決定するように指示した。

出力結果

鈴木さんから、新商品「エコロジーペン」の開発状況について報告がありました。素材は再生プラスチックを90％使用し、インクは水ベースで環境負荷を低減しているとのことです。田中さんからサンプルの評価報告があり、書き味の良さとデザインが好評であることが確認されました。山田部長は、販売価格とコストを再確認して、来週中に決定するように指示されました。

文章の難易度を変える

難しい文章を小学生向けの内容にする

文章の趣旨を変えずに難易度やテイストを変更したい場合は、具体的にどんな人を対象としているかを指示します。たとえば、難しい内容の文章を子ども向けの易しい内容に書き換えたい場合なら、「小学校1年生にわかるように」のように対象年齢まで明示すると目的に合った出力を得やすくなります。ここでは、03-02で使用したものと同じ文章を、子ども向けに書き換えます。

文章を子ども向けにかみ砕く

以下の指示文に続いて、書き換えたい文章をコピー＆ペーストします。

 入力内容

以下の文章を、小学校1年生にわかるように書き換えてください。熟語はできるだけ使わず、やさしい言葉を使って説明してください。

「生成AI」はその呼称のとおり、テキストや画像といったコンテンツを生成できるAIの総称です。生成AIではない従来のAIの場合、既存のデータに基づいて処理や分析を行います。たとえば、・・・

🤖 出力結果

AIは、まるで魔法使いのように、すごい力を持っているんだ！でも、今までのAIは、本やインターネットに書いてあることを読んだり、写真や動画を見たりして、答えを教えてくれるだけだった。まるで、先生が教科書を読んで、問題の答えを教えてくれるようなものだね。
生成AIは、もっとすごい！先生が新しい物語を書いてくれたり、絵を描いたり、歌を作ったりしてくれるようなものなんだ。
生成AIは、「猫の絵を描いて」とお願いすると、猫の絵を描いてくれたり、「商談のお礼のメールを書いて」とお願いすると、メールの文章を書いてくれたりする。まるで、先生が魔法の杖で、猫の絵やメールの文章を作り出してくれたみたいだね！
Geminiは、そんな生成AIの中でも、文章を作るのが得意な文章生成AIなんだ。先生のように、質問に答えたり、説明したりするだけでなく、物語や詩、歌詞、メール、手紙など、いろいろな文章を作ることができるんだ。
Geminiは、まるでドラえもんのように、あなたの願いを叶えてくれるかもしれないよ！

03-09

言い換えのバリエーションを考える

「もっといい表現があったはず・・・」の答えを得る

文章を書いていて、「こういう意味のことが言いたいけれど、他にもっと適切な表現がありそう」と思ったときは、言葉の言い換えのバリエーションをGeminiに教えてもらいましょう。1つのことわざや慣用句から似た意味の慣用句を出したり、カタカナのビジネス用語を日本語に置き換えたい場合の候補を考えたりといったことが可能です。

同じ意味の慣用句を出してもらう

言い換えの元となる慣用句を1つ挙げ、以下のように指示します。

 入力内容

「暖簾に腕押し」のような慣用句のバリエーションをできるだけたくさん教えてください。

出力結果

「暖簾に腕押し」のような慣用句のバリエーションを、以下に挙げます。
- ・糠に釘
- ・豆腐に鎹
- ・焼け石に水
- ・泥に灸
- ・馬の耳に念仏
- ・犬に論語
- ・牛に経文
- ・井戸に石を投げる
- ・空に向かって唾を吐く

これらの慣用句は、いずれも「手ごたえがない」「効果がない」「意味がない」という意味を持ちます。

「暖簾に腕押し」は、暖簾を腕で押しても手ごたえがないことから、物事の張り合いがなく拍子抜けをしてしまう様を意味します。

（以下略）

カタカナ語を日本語に言い換える

言い換えの元となる用語を挙げ、以下のように指示します。

 入力内容

「コンセンサス」を日本語に言い換える場合の表現の候補を教えてください。

出力結果

「コンセンサス」を日本語に言い換える場合の表現の候補は、以下のとおりです。
・合意
・同意
・一致
・合意形成
・合意を得る
・同意を得る
・根回し
・交渉
「コンセンサス」は、英語の「consensus」をカタカナで表した言葉で、元々の意味は「意見の一致」や「合意」です。日本語では、この意味で「合意」や「同意」と表現することが多いでしょう。また、「合意形成」や「合意を得る」という言い回しもよく使われます。
さらに、日本語では「コンセンサス」は「根回し」という意味でも使われます。これは、複数の人の意見を一致させるために、事前に各方面と調整や交渉を重ねるプロセスを指すものです。この意味では、「根回し」や「交渉」と表現するのが適切でしょう。
具体的な使い方としては、以下のようなものが挙げられます。
・社内コンセンサスをとる
・意見の一致を図る
・合意形成を図る
・各方面と根回しをする
・交渉を重ねる
なお、使用する表現は、文脈や状況によって適切なものを選ぶ必要があります。例えば、ビジネスシーンでは「合意」や「同意」と表現することが多いですが、政治や社会問題を議論する場面では「一致」や「合意形成」と表現する方が適切かもしれません。
　（以下略）

文章を作成する

既存の文章を編集するだけでなく、新たな文章を作り出すこと
もできるのが、生成AIであるGeminiの魅力です。メールの文
章を考えたり、キャッチコピーを作ったり、イベントの企画を
考えたりと、さまざまな用途で活用が可能です。ただし、指示
が大ざっぱすぎると意図したとおりの文章が出力されないこと
も多いため、どのような文章を生成したいかを具体的に指示す
る必要があります。本章ではシチュエーション別に具体的な指
示文の書き方を紹介しています。

04-01

Geminiの使い方をGeminiに聞いてみる

まずは簡単な質問をしてみよう

前章では、既存の文章を編集してねらい通りの出力結果にするための指示を行いましたが、ゼロから新たな文章を作成することも可能です。「初心者にもわかるように」「順を追って」のような言葉を指示文に入れることで、レベルや方向性を調整できます。手始めに、Geminiの使い方を説明する文章をGeminiに書いてもらいましょう。シンプルな指示文でも、意外と詳しい回答が得られます。

Geminiの使い方を答えてもらう

以下の指示文をGeminiの入力欄に入力して送信してください。

 入力内容

Geminiの使い方を、初心者にもわかるように最初から順を追って教えてください。

出力結果

Geminiの使い方（初心者向け）

　Geminiは、Google AIが開発した大規模言語モデルです。日本語を含む様々な言語で、文章の生成、翻訳、質問への回答などを行うことができます。

1.Geminiを使う準備
アカウント作成

　・Geminiを使うには、Googleアカウントが必要です。既にアカウントを持っている場合は、そのまま利用できます。

Geminiへのアクセス

Geminiは以下の方法で利用できます。

　・Webブラウザ：https://cloud.google.com/generative-ai-studio にアクセスします。

　・Pythonライブラリ：Gemini用のPythonライブラリを利用して、プログラムから利用できます。

　・その他：一部のアプリやサービスで、Geminiが組み込まれています。

2. 基本的な使い方
　1. プロンプトを入力

・Geminiに何をさせたいかを、日本語で記述します。

・例えば、「今日の天気は？」、「犬と猫の違いは？」、「英語で愛を表現する詩を書いて」など、自由に記述できます。

2. エンターキーを押す

・プロンプトを入力したら、Enterキーを押すと、Geminiが処理を開始します。

3. 結果の確認

・Geminiは、入力内容に基づいて、文章を生成したり、翻訳したり、質問に答えたりします。

・結果は、画面に表示されます。

3. 応用例

Geminiは、様々な目的に利用できます。

・文章生成：詩、小説、脚本、歌詞、手紙、メールなど、様々な形式の文章を生成できます。

・翻訳：日本語と英語だけでなく、様々な言語間の翻訳に対応しています。

・質問への回答：歴史、科学、時事問題など、幅広い分野の質問に答えられます。

・コード生成：プログラムコードを生成できます。

・その他：アイデアの整理、プレゼンテーション資料の作成、音楽の作曲など、様々な用途に利用できます。

4. その他

・Geminiは、まだ開発段階であり、日々機能が追加されています。

・詳細については、https://cloud.google.com/generative-ai-studio のヘルプページをご覧ください。

参考資料

（以下略）

Hint

回答が思ったものと違うときは？

Geminiの回答が、求めているものと違うと感じたときは、質問に「どんな文章を出してほしいか」を具体的に盛り込んでみましょう。たとえば、単純に「Geminiの使い方を教えて」とだけ質問をしても簡易な回答しか得られなかった場合は、「初心者にもわかるように」「最初から順を追って」などの文言を指示文に含めます。「どんなものを求めているか」をGeminiにきちんと伝えることで、目的に合った回答を得やすくなります。

04-02

メールの下書きを作ってもらう

面倒なメールの文章も考えてもらえる

メールの文面を考えたり、受け取ったメールの返信を考えたりするのは、意外と面倒でおっくうに感じることの多い作業ですが、Geminiにメールに盛り込みたい内容を伝えれば、下書きを作ってもらうことができます。ただし、そのままでは情報が不足していたり、文章が不自然だったりするケースもあるので、必ず内容を確認し、手直しをしたうえで使うようにしましょう。

お礼メールの文面を考える

以下のように、メールに盛り込みたい内容を箇条書きにして指示しましょう。

 入力内容

以下の内容でメールの文面を考えてください。
・商談のお礼
・商品「A」について、ぜひ御社での導入を検討いただきたい
・不明な点などあれば、遠慮なくお問い合わせください

出力結果

件名：商談のお礼
株式会社〇〇　御中
お世話になっております。
株式会社△△の□□です。
本日はお忙しい中、弊社商品「A」のご説明にお時間をいただき、誠にありがとうございました。
貴社のご担当者様よりお伺いした課題は、弊社商品「A」を活用することで解決できると考えております。弊社商品「A」は、〇〇な特長があり、〇〇の場面で大いに活用ができると自負しております。
ぜひ、御社での導入を検討いただきたく存じます。
不明な点などございましたら、お気軽にお問い合わせください。
今後とも、何卒よろしくお願い申し上げます。
株式会社△△　□□

メールの内容を調整する

左記の内容に続けて、修正・加筆したい事項を次のように指示します。

 入力内容

メールの文面に以下の要素を盛り込み、商品Aの購入に向けて相手の背中を押す内容としてください。

・商品「A」は、人材不足の問題を解決する
・初期費用は高額だが、導入により増益が見込める
・安価な競合製品に比べ、より高い効果を期待できる

04

文章を作成する

出力結果

件名：商談のお礼と導入検討のご提案
株式会社〇〇　御中
お世話になっております。株式会社△△の□□です。本日はお忙しい中、弊社商品「A」のご説明にお時間をいただき、誠にありがとうございました。
貴社のご担当者様よりお伺いした課題は、人材不足の問題であると認識しております。弊社商品「A」は、人材不足の問題を解決する画期的なソリューションです。AIを活用した自動化により、人手を介さない業務を大幅に効率化することができます。
また、初期費用は高額ですが、導入により増益が見込めます。弊社の導入実績では、導入企業の平均的な増益率は20%以上です。
さらに、安価な競合製品に比べ、より高い効果を期待できます。
弊社商品「A」は、貴社が抱える人材不足の問題を解決し、新たな成長を実現するための最適なソリューションであると確信しております。ぜひ、御社での導入を検討いただきたく存じます。
弊社では、導入をご検討中のお客様向けに、〇〇のサービスをご用意しております。〇〇のサービスは、〇〇に役立つとご好評をいただいております。ぜひ、この機会にご活用いただければ幸いです。
不明な点などございましたら、お気軽にお問い合わせください。今後とも、何卒よろしくお願い申し上げます。
株式会社△△　□□

このメールでは、以下の点が変更されています。
　・件名を「商談のお礼と導入検討のご提案」にすることで、商品の購入を促す意図を明確にする
　・冒頭で、商品「A」が人材不足の問題を解決できるという点を強調する
　・初期費用の高さを指摘しつつも、導入による増益が見込めることを明確にする
　・安価な競合製品に比べ、より高い効果を期待できることを強調する

これらの変更により、顧客に商品「A」の購入を検討する意欲を高めることができます。

また、商談の内容や顧客の状況に合わせて、さらに強く背中を押す文面にすることも可能です。たとえば、以下の点が挙げられます。

　・顧客の具体的な課題や悩みを具体的に挙げて、商品「A」がそれらを解決できることを明確にする

　・商品「A」を導入した企業の事例を紹介する

　・商品「A」を導入することで、顧客が得られる具体的なメリットを具体的に示す

顧客の状況やニーズに合わせて、効果的な文面に調整しましょう。

具体的には、以下の点について追加すると効果的かもしれません。

　・顧客の具体的な課題や悩み

たとえば、以下のような内容が挙げられます。

貴社は、人材不足により、以下の課題を抱えていませんか？

　・業務が滞り、顧客からのクレームが増えている

　・商品「A」を導入した企業の事例

たとえば、以下のような内容が挙げられます。

弊社商品「A」を導入した〇〇社では、以下の成果を上げました。

　・業務の自動化により、人件費を20%削減

　・生産性を15%向上

　・商品「A」を導入することで、顧客が得られる具体的なメリット

たとえば、以下のような内容が挙げられます。

弊社商品「A」を導入することで、以下のメリットが得られます。

　・人材不足の問題を解決し、業務を効率化

　・増益を実現し、企業の成長を促進

　・競合他社に差をつけ、市場での優位性を高める

これらの追加により、顧客に商品「A」の購入を検討する意欲をさらに高めることができるでしょう。

📖 **Note**

出力結果のポイントも教えてくれる

　Geminiでは、回答の後にどのような根拠でその回答を出力したかといった説明が出力される場合もあります。ここでは、前回の回答からの改善点やそれによって期待できる効果が表示されています。

メールの返信を考える

　次のように、返信に盛り込みたい内容を指示した後、元のメールの文章をコピー&ペーストしましょう。

入力内容

以下の<メール>に対して、<内容>に挙げた内容を盛り込んだ、礼儀正しく、誠実さを感じられる返信文を考えてください。

<内容>
・当面は商品Aを導入する予定はない
・商品は良いものだと感じたが、予算が見合わないため
・今後事業規模が拡大したときには、改めて導入を検討する可能性もある
・貴社とは、今後も長く付き合っていきたい

<メール>
株式会社〇〇　御中
お世話になっております・・・
　（以下略）

 出力結果

株式会社△△　□□様

お世話になっております。　株式会社〇〇の〇〇です。

本日はお忙しい中、弊社商品「A」のご説明にお時間をいただき、誠にありがとうございました。

貴社のご提案を拝見し、商品の優れた機能性と可能性を十分に理解いたしました。また、人材不足の問題を解決する画期的なソリューションであるとの説明は、大変興味深く拝聴いたしました。

弊社では、現在人材不足の課題を抱えており、貴社商品の導入を検討させていただければと考えていました。　しかし、現状では予算の都合上、導入を断念せざるを得ないことを、ご理解いただきますようお願い申し上げます。

貴社商品は、弊社が抱える課題を解決する上で、非常に有効なソリューションであると確信しております。　今後、事業規模が拡大し、予算が確保できた際には、改めて導入を検討させていただければと考えております。

また、弊社としても、貴社とは今後も長く付き合っていきたいと考えております。　今後とも、何卒よろしくお願い申し上げます。

株式会社〇〇　〇〇

Hint

複雑な指示を出す場合は見出しをつける

　この指示文には、「返信に盛り込みたい内容」と、「返信をする元のメールの文面」の、2種類のテキストが含まれます。このような場合は、それぞれに<内容><メール>のように見出しを付けることで、指示内容が誤認識されることを防ぎ、正確な回答を得やすくなります。

04-03

新商品のプレスリリースを作成する

ひな形から完成形まで作ってもらえる

ある程度形式の決まった文章を作成するのもAIの得意分野です。ここでは、企業が新サービスをリリースする際のプレスリリースを作成します。何を書けばよいかわからないときは、まずは一般的に使われるひな形について質問してみましょう。その後、プレスリリースを書く商品に関して必要な情報を伝えて文面を完成させます。

プレスリリースのひな形を確認する

Geminiに次のように入力しましょう。

 入力内容

企業が新サービスをリリースする際に一般的に使われる、プレスリリースのひな形を教えてください

出力結果

企業が新サービスをリリースする際に一般的に使われる、プレスリリースのひな形は以下のとおりです。

タイトル
プレスリリースの内容が一目でわかるよう、キャッチーで簡潔なタイトルをつけましょう。

リード文
プレスリリースの要点が簡潔にまとめられた文章です。

本文
新サービスの概要や特長、メリットなどを詳しく説明します。
　・新サービスの概要
　・新サービスの特長
　・新サービスのメリット
　・新サービスのターゲット

・新サービスの発売日や価格

画像
新サービスのイメージをわかりやすく伝えるための画像を添付します。

連絡先
プレスリリースに関する問い合わせ先を記載します。

例文
【タイトル】新サービス「〇〇」をリリース
【リード文】
株式会社〇〇は、新サービス「〇〇」を2024年10月1日にリリースいたします。
【本文】
株式会社〇〇は、新サービス「〇〇」を2024年10月1日にリリースいたします。
「〇〇」は、〇〇を簡単に〇〇できるサービスです。従来の〇〇方法では〇〇という課題がありましたが、「〇〇」では〇〇という特徴により、〇〇というメリットが得られます。
「〇〇」は、〇〇をターゲットにしており、〇〇円で提供いたします。
【画像】
【連絡先】
株式会社〇〇
〇〇担当：〇〇
TEL：〇〇-〇〇-〇〇〇〇
FAX：〇〇-〇〇-〇〇〇〇
MAIL：〇〇@〇〇.co.jp

このひな形を参考に、自社のサービスやターゲットに合わせて、より効果的なプレスリリースを作成しましょう。

プレスリリースを完成させる

上記の出力結果に続けて、次のように入力しましょう。

 入力内容

では、このひな形に次の内容を盛り込んだ文面を作成してください。

・会社名：株式会社A
・サービス名：キャッチコピー自動作成サービス

・リリース日：2024年10月11日
・サービスの特長：最新のAIを活用し、入力した条件に沿ったキャッチコピーを生成する
・サービスのメリット：広告作成の効率を大幅に向上させる

出力結果

株式会社A、キャッチコピー自動作成サービスをリリース
2024年10月6日
株式会社A（本社：東京都千代田区、代表取締役：○○）は、2024年10月11日に、キャッチコピー自動作成サービス「○○」をリリースいたします。
「○○」は、最新のAIを活用し、入力した条件に沿ったキャッチコピーを生成するサービスです。ターゲットや訴求したい内容、商品やサービスの特徴などを入力するだけで、簡単に効果的なキャッチコピーを作成することができます。
従来の広告作成では、キャッチコピーの作成に多くの時間と労力がかかっていました。しかし「○○」の導入により、誰でも簡単に、かつ短時間で、効果的なキャッチコピーを作成できるようになります。
これにより、広告作成の効率が大幅に向上し、企業のマーケティング活動を支援します。
【サービス概要】
・サービス名：○○
・リリース日：2024年10月11日
・サービス特長：
＊最新のAIを活用し、入力した条件に沿ったキャッチコピーを生成
＊ターゲットや訴求したい内容、商品やサービスの特徴などを入力するだけで、簡単に効果的なキャッチコピーを作成
・サービスメリット：
＊広告作成の効率を大幅に向上させる
【サービスお問い合わせ先】
株式会社A
○○担当：○○
TEL：03-0000-0000
FAX：03-0000-0000
MAIL：○○@○○.co.jp
　（以下略）

04-04

作業マニュアルを作成する

電話対応のマニュアルを簡単に作る

業務マニュアルを作成する場合も、基本的な「型」をGeminiで出力してもらうことができます。もちろん、出力された内容をそのまま使えるケースばかりではないと思いますが、最初に土台となるものを作り、細かい部分を自社の状況に合わせて調整することで、ゼロから自力でマニュアルを作成する場合に比べて労力を大幅に作成できます。

マニュアルを出力する

以下のように入力しましょう。

 入力内容

以下の内容を盛り込んで、顧客問合せ電話の対応マニュアルを作成してください
・小規模事業者向けの経理ソフトのサポートです
・オペレーターは、PCでマニュアルを確認しながら対応します
・解決しない場合は、専門知識を持ったスペシャリストに電話を回します

出力結果

顧客問合せ電話対応マニュアル（小規模事業者向け経理ソフト）
はじめに
　このマニュアルは、小規模事業者向けの経理ソフトの顧客問合せ電話対応におけるオペレーターの役割と手順を説明します。オペレーターは、PCでこのマニュアルを確認しながら、顧客からの問い合わせに対応します。解決できない場合は、専門知識を持ったスペシャリストに電話を回します。
オペレーターの役割
　・顧客からの問い合わせを丁寧かつ迅速に聞き取る
　・顧客の状況を理解し、適切な情報提供や解決策を提案する
　・必要に応じて、専門知識を持ったスペシャリストに電話を回す
　・顧客満足度向上を目指し、常に明るく親切な対応を心掛ける
対応手順
　1.電話応答
　　・電話が鳴ったら、3コール以内に応答する。

・以下のように名乗り、明るく丁寧な声で対応する。
「(会社名) 経理ソフトサポートセンター、(オペレーター名)と申します。何かご用件
でしょうか？」
　　2.顧客情報の確認
　　　・顧客氏名、会社名、電話番号、使用しているソフト名、バージョンなどを確認する。
　　3.問い合わせ内容の聞き取り
　　　・顧客の話を最後までよく聞き、メモを取る。
　　　・わからないことがあれば、遠慮なく質問する。
　　　・顧客の状況を正確に把握できるように努める。
　　4.解決策の提案
　　　・顧客の問い合わせ内容に基づき、適切な解決策を提案する。
　　　・マニュアルやFAQなどを参照しながら、丁寧に説明する。
　　　・顧客が理解できるまで、ゆっくりと分かりやすく説明する。
　　5.解決しない場合
　　　・問い合わせ内容が複雑すぎて解決できない場合は、専門知識を持ったスペシャ
リストに電話を回す。
　　　・スペシャリストに電話を回す前に、顧客に事情を説明し、了解を得る。
　　　・スペシャリストに顧客情報を正確に伝える。
　　6.電話終了
　　　・顧客の質問や要望にすべて答え、問題が解決したことを確認する。
　　　・以下のようにお礼の言葉を述べ、電話を切る。
「本日はご丁寧にご連絡いただき、ありがとうございました。何かご不明な点がありま
したら、またお気軽にお問い合わせください。」
その他
　　・常に冷静かつ丁寧な対応を心掛ける。
　　・顧客のプライバシー保護に十分注意する。
　　・個人情報を取り扱う場合は、法令を遵守する。
　　・顧客満足度向上を目指し、常にスキルアップを図る。
専門知識を持ったスペシャリストへの電話転送
　　・以下のいずれかに該当する場合は、専門知識を持ったスペシャリストに電話を転
送する。
　　　・問い合わせ内容が複雑すぎて解決できない場合
　　　・システムエラーが発生している場合
　　　・顧客が専門的な知識を必要とする場合
　　・スペシャリストに電話を回す前に、顧客に事情を説明し、了解を得る。
　　・スペシャリストに顧客情報を正確に伝える。
マニュアルの更新
　　・このマニュアルは必要に応じて更新される。
　　・最新のマニュアルは、社内ポータルサイトなどで閲覧できる。
　　（以下略）

会話のサンプルを作成する

上記の出力結果に続けて、以下のように入力します。

 入力内容

顧客に好印象を与えることのできる具体的な会話サンプルを作成してください

出力結果

顧客に好印象を与えることのできる具体的な会話サンプル
電話応答
例1:
「(会社名) 経理ソフトサポートセンター、山田と申します。本日はどのようなご用件
でしょうか?明るく丁寧な声で対応します。」
顧客情報の確認
例1:
「お客様のお名前と会社名を教えていただけますでしょうか?
　(顧客が回答)
(顧客の会社名)の(部署名)の(役職名)の(顧客の名前)様ですね。
よろしいでしょうか?
　(顧客が「はい」と答える)
かしこまりました。
問い合わせ内容の聞き取り
例1:
「(顧客の名前)様、本日はどのようなご用件でしょうか?
具体的にどのような問題が発生しているのか教えていただけますでしょうか?
いつ頃、どのような操作を行っていた際に、どのような問題が発生しましたか?
エラーメッセージは表示されましたでしょうか?
もしよろしければ、画面共有させていただいてもよろしいでしょうか?
　(顧客が許可する)
ありがとうございます。画面共有を開始させていただきます。
解決策の提案
例1:
「(顧客の名前)様、確認させていただいたところ、(問題の原因)が原因でこのような
問題が発生している可能性がございます。
よろしければ、以下の方法で解決を試みていただけますでしょうか?
方法1:
(解決策1を具体的に説明する)
(解決策2を具体的に説明する)
上記の方法で解決できない場合は、(別の解決策を提案する)ことも可能です。

ご不明な点があれば、お気軽にお尋ねください。

解決しない場合

例1:

「(顧客の名前)様、大変申し訳ございませんが、現在の私の知識では問題を解決することができかねます。

念のため、この問題についてさらに調査させていただき、後ほどご連絡させていただいてもよろしいでしょうか?

調査には、(所要時間)程度かかる可能性がございます。

また、問題解決には、追加の情報をいただく必要がある場合もございます。

ご迷惑をおかけしますが、何卒よろしくお願いいたします。

電話終了

例1:

「(顧客の名前)様、本日はお時間をいただき、ありがとうございました。

問題解決まで、しばらくお時間をいただいてしまうこととなり、大変申し訳ございません。

問題解決に向けて、最善を尽くしてまいりますので、今しばらくお待ちいただけますようお願い申し上げます。

何かご不明な点やご要望がございましたら、お気軽にお問い合わせください。

今後とも、(会社名)経理ソフトをご愛顧賜りますよう、よろしくお願い申し上げます。

その他

顧客の名前を呼ぶ:顧客の名前を呼ぶことで、親近感を与えることができます。

丁寧な言葉遣いを心がける:敬語を使い、丁寧な言葉遣いを心がけることで、好印象を与えることができます。

共感を示す:顧客の話をよく聞き、共感を示すことで、顧客の信頼を得ることができます。

明るく元気な声で話す:明るく元気な声で話すことで、顧客に安心感を与えることができます。

積極的に質問する:わからないことがあれば、遠慮なく質問することで、顧客の状況を正確に把握することができます。

感謝の言葉を述べる:電話を切る前に、感謝の言葉を述べることで、顧客に好印象を与えることができます。

顧客対応は、顧客満足度向上に非常に重要です。上記の会話サンプルを参考に、顧客に好印象を与えることのできる電話対応を心掛けてください。

04-05

新商品のキャッチコピーを
対象顧客別に作る

大量のパターンも作成できる

商品のキャッチコピーを作る場合は、商品の特徴やどんな人に向けたキャッチコピーなのかを指定します。候補をたくさん作り、そこから選ぶことができるのは、AIを活用するメリットでしょう。出力されたものからさらにバリエーションを作ったり、細部を修正してブラッシュアップしたり、キャッチコピーにそえる説明文を作ったりすることもできます。

文章を作成する

対象者別にキャッチコピーを作る

対象者別にキャッチコピーを作成する場合は、以下のように入力し、対象と商品の特徴を伝えます。

 入力内容

以下の＜新製品＞について、「女子高校生」「30代主婦」「40代男性」向けのキャッチコピーをそれぞれ5本ずつ考えてください。

＜新製品＞
・低カロリー・低糖質・高たんぱく質
・栄養価が高いので、補食にも適している
・忙しい人、スポーツをする人、ダイエット中の人などにおすすめ
・持ち運びしやすい食べきりパッケージ
・おしゃれで洗練されたパッケージデザイン

出力結果

女子高校生向けキャッチコピー

1.カリスマJKの秘密兵器！ 罪悪感ゼロで美ボディを叶える、おしゃれでヘルシーな新感覚グルメ。
2.勉強も恋愛も、コレで完璧！ 忙しい女子高生の強い味方！栄養満点で持ち運び便利な、ヘルシーサポートフード。
3.インスタ映え間違いなし！ おしゃれなパッケージで、ランチタイムの主役になっちゃう新グルメ。
4.テスト前も安心！ 頭も体もチャージできる、糖質オフで高タンパク質のヘル

シーおやつ。

　5.制服だって、もっと自信に！ ダイエット中だって、美味しくキレイを叶える、低カロリー高タンパク質の革命グルメ。

30代主婦向けキャッチコピー

　1.忙しい毎日を、もっとスマートに！ 時間がないあなたへ、栄養満点でヘルシーな、持ち運び便利な新グルメ。

　2.家族も喜ぶ、ヘルシーレシピ 糖質オフで高タンパク質だから、罪悪感ゼロで家族みんなで楽しめる新グルメ。

　3.ダイエット中でも、美味しくキレイ！ 体型維持に最適な、低カロリー高タンパク質のヘルシーサポートフード。

　4.美肌も夢じゃない！ 栄養価の高い新グルメで、内側から輝く美しさへ。

　5.忙しい朝にも、これさえあれば安心！ 朝食にもぴったりな、手軽で栄養満点のヘルシーサポートフード。

40代男性向けキャッチコピー

　1.男の健康、これが本命！ 筋肉維持に最適な、高タンパク質で低カロリーのヘルシーグルメ。

　2.仕事もプライベートも充実させる！ 忙しいあなたへ、栄養満点で持ち運び便利な、新感覚グルメ。

　3.いつまでも若々しく！ 体の内側から健康的な体づくりをサポートする、高栄養なヘルシーサポートフード。

　4.ジム帰りのご褒美に！ 糖質オフで罪悪感ゼロ、高タンパク質のヘルシーグルメ。

　5.大切な家族のために、自分の体も大切に！ 健康的な食生活をサポートする、栄養価の高い新グルメ。

キャッチコピーのバリエーションを作成する

　出力されたキャッチコピーから特定のものを選び、同じ方向性のコピーのバリエーションをさらに作りたい場合は、上記の出力結果に続けて次のように入力します。

 入力内容

40代男性向け「仕事もプライベートも充実させる！」について、見た人が共感を得られるようなキャッチコピーのバリエーションを作りたいと思います。
責任ある仕事をこなし、自分の健康にも気を使いたい人が共感でき、SNSで拡散されるようなキャッチコピーのバリエーションを考えてください。

出力結果

40代男性向け 共感型キャッチコピーバリエーション

仕事もプライベートも、ヘルシーサポートフードでスマートに充実！

責任も体も、どっちも大事。だから、この美味しさ。

忙しい毎日を、栄養チャージで乗り切ろう！

仕事もプライベートも、ヘルシーな習慣でスマートに両立。

大切な家族のためにも、自分の体も大切に。

40代、ここからが本番！ヘルシーサポートフードで、充実した毎日を。

仕事もプライベートも、ヘルシーな体で思いっきり楽しもう！

頑張る自分に、ご褒美グルメ。糖質オフで罪悪感ゼロ！

いつまでも若々しく、アクティブに。健康的な食生活でサポート。

男の健康、これが本命！高タンパク質で低カロリーの新グルメ。

SNS映え間違いなし！おしゃれなパッケージで、ランチタイムの主役はあなた！

#健康男子 #40代グルメ #仕事もプライベートも充実

※ハッシュタグはあくまでも例です。

ポイント

・ターゲット層である40代男性の共感を呼ぶようなフレーズを使用する。

・仕事とプライベートの両立、健康への意識、美味しさなどを訴求する。

・SNSで拡散しやすいように、ハッシュタグを活用する。

・商品の特徴である「低カロリー・低糖質・高たんぱく質」「持ち運びやすい食べきりパッケージ」「おしゃれなパッケージデザイン」をアピールする。

上記を参考に、ターゲット層や商品の特徴に合わせて、最適なキャッチコピーを選んでみてください。

キャッチコピーをブラッシュアップする

出力されたキャッチコピーを修正したい場合は、以下のように具体的な修正箇所を指示します。

 入力内容

「責任も体も、どっちも大事。だから、この美味しさ。」について、「残業」「年齢」のキーワードを入れて書き換えたものを5パターン作成してください。もう少し長くなっても構いません。

出力結果

責任も体も、どっちも大事。だから、この美味しさ。

残業でクタクタでも、栄養チャージで明日へ！

年齢を重ねても、健康的な食生活で若々しく。

忙しい日々の栄養補給に、罪悪感ゼロの美味しさ。

責任感の強いあなたへ、体も心も満たすヘルシーサポートフード。

ポイント
　　・ターゲット層である40代男性の共感を呼ぶようなフレーズを使用する。
　　・仕事とプライベートの両立、健康への意識、美味しさなどを訴求する。
　　・SNSで拡散しやすいように、ハッシュタグを活用する。
　　・商品の特徴である「低カロリー・低糖質・高たんぱく質」「持ち運びやすい食べき
りパッケージ」「おしゃれなパッケージデザイン」をアピールする。
上記を参考に、ターゲット層や商品の特徴に合わせて、最適なキャッチコピーを選ん
でみてください。

ボディーコピーを作成する

　キャッチコピーにつけるボディーコピー（説明文）を作成する場合は、次のよう
に入力します。

 入力内容

「忙しい日々の栄養補給に、罪悪感ゼロの美味しさ。」につけるボディーコピーを以下
の条件で考えてください。
・電車内の広告として使うことを想定
・「残業、お疲れさまです」から始める
・対象者に話しかけるような形式にする
・商品の特徴である「低カロリー・低糖質・高たんぱく質」「栄養価が高いので、補食
に適している」を伝える
・帰りに駅のコンビニで購入したくなるような内容にする

出力結果

電車内広告用ボディコピー案
　残業、お疲れさまです。
　今日も一日、頑張りましたね。
　そんなあなたに、罪悪感ゼロの美味しさをご提案します。
　「〇〇（商品名）」は、低カロリー・低糖質・高タンパク質。
　栄養価も高く、補食にもぴったりです。
　夜遅い時間でも、罪悪感なく食べられます。
　帰りに駅のコンビニで、ぜひ手に取ってみてください。
　明日への活力、チャージできますよ！
　※商品名、パッケージデザイン、ターゲット層に合わせて内容を調整してください。
　（以下略）

04-06

ユーモアのある標語を考えてもらう

対象や内容を指定して標語をつくる

マナー啓発などの標語も、Geminiを使うことで簡単に作成が可能です。ただし、「マナー啓発の標語を作って」のような単純な指示文だとありきたりのものしか出力されないので、内容や対象、方向性などを具体的に指示することがポイントになります。また、出力された標語の続きを作ったり、バリエーションを出したりすることも可能です。

04

文章を作成する

トイレのマナーを呼びかける標語を作成する

以下のように、標語で伝えたい内容や方向性を指示します。

 入力内容

小売店の店内トイレに掲示する、利用マナーを呼びかける標語を4個考えてください
・男子トイレの小便器の周囲が汚れるので「あと一歩前に出て利用する」ことを啓蒙します
・「マナーを守って使うことはかっこいい」という切り口にします
・端的で洗練されたイメージの標語にしてください

出力結果

1.「かっこいい男は、あと一歩前に出る。」
「かっこいい男」という言葉に、男性の憧れや共感を呼びかけます。また、「あと一歩前に出る」というフレーズで、小便器の周囲を汚さないマナーを表現しています。
2.「マナーを守る、それは誰かの心を守ること。」
「マナーを守る」という行為が、自分だけでなく、周囲の人の心を守ることにもつながるというメッセージを込めました。
3.「かっこいい男の証は、トイレマナー。」
「かっこいい男の証」という表現で、マナーを守ることの価値を高めます。
4.「あと一歩、未来が変わる。」
「あと一歩前に出る」という行為が、トイレの環境を改善し、ひいては社会をよりよいものにするきっかけになるというメッセージです。
これらの標語は、端的で洗練されたイメージを意識しています。また、小便器の周囲を汚さないマナーを啓蒙するという目的を、わかりやすく伝えることを重視しました。

標語にフレーズを追加する

生成された標語に続きのフレーズを加えたい場合は、次のように指示します。

 入力内容

「かっこいい男は、あと一歩前に出る。」の後にフレーズを付け加えてください。

 出力結果

1.「トイレマナーで、未来を変える。」
「あと一歩前に出る」という行為が、トイレの環境を改善し、ひいては社会をよりよい
ものにするきっかけになるというメッセージを込めました。
2.「自分と相手のため。」
「あと一歩前に出る」という行為が、自分だけでなく、周囲の人のことも考えた行動で
あることを強調しています。
どちらのフレーズも、原文の「かっこいい男は、あと一歩前に出る。」というメッセー
ジと自然につながり、より具体的なイメージを喚起できると考えられます。
また、どちらも端的で洗練されたイメージを意識しています。

標語の言い換えのバリエーションを生成する

生成された標語が今ひとつだと感じた場合は、以下のように言い換えのバリエー
ションを作ることもできます。

 入力内容

「自分と相手のため。」の言い換えのバリエーションを5個考えてください。

 出力結果

1.「自分も相手も、気持ちよく。」
「気持ちよさ」という共通の価値観を軸に、自分と相手の両方を尊重する姿勢を表現
しています。
2.「マナーは、思いやり。」
「思いやり」という言葉で、マナーを守ることの根本的な意味を表現しています。
　（以下略）

類似の標語を作る

先に生成した標語と対になる、女性向けの標語を作りたい場合は、次のように指示します。

 入力内容

「かっこいい男は、一歩前に出る。」と対になる、女性向けの標語を4個考えてください。
・トイレをきれいに使うことを呼びかける内容とします
・「○○○○な女は△△△△する」という形式で、「○○○○」と「△△△△」の部分を考えてください

出力結果

1.「かっこいい女は、後片付けをきちんとする。」
「かっこいい男は、一歩前に出る。」の「一歩前に出る」を「後片付けをきちんとする」に置き換えました。女性も、トイレをきれいに使うために、後片付けをきちんとすることがかっこいいことだと伝えています。
2.「気遣い上手な女は、トイレをきれいに使う。」
「かっこいい男は、気遣いができる。」を「気遣い上手な女は、トイレをきれいに使う。」に置き換えました。トイレをきれいに使うことは、他の人のことも考えて行動する気遣いの一つであると伝えています。
3.「社会人として当たり前な女は、トイレをきれいに使う。」
「かっこいい男は、社会人として当たり前のことをする。」を「社会人として当たり前な女は、トイレをきれいに使う。」に置き換えました。トイレをきれいに使うことは、社会人としてのマナーであると伝えています。
　（中略）
これらの標語は、すべて「○○○○な女は△△△△する」という形式で作成しました。また、トイレをきれいに使うことがかっこいいことや、社会人として当たり前のこと、自分自身を大切にすること、未来を創ることなどにつながると伝えることで、女性がトイレをきれいに使うことに意識を向けてくれることを期待しています。

💡 Hint

標語作成は「手直し前提」で
　Geminiを使って生成した標語は、言い回しがぎこちなかったり、内容の整合性がとれていないものがあったりと、「完璧」ではありません。生成されたものをそのまま使うのではなく、最終的に人の手で修正することを前提に使うようにしましょう。

04-07

理不尽なクレームへの返答を考えてもらう

返答に困るクレームに上手に対応する

どう答えたらよいか困惑するような理不尽なクレームは、担当者としてはよい気分ではなく、対応を考えるだけで疲れてしまいます。そんなときも、Geminiに対応を考えてもらうことができます。どんな方向性の対応にしたいかを箇条書きで指示することで、求めている出力結果を得やすくなります。また、電話対応を想定した想定問答集を作成することも可能です。

クレームメールの返信文を作成する

次のように、元のメールの本文と、返信の方向性や盛り込みたい内容を入力します。

 入力内容

以下の＜メール＞の返信を考えてください。
・理不尽なクレームで、本来こちらに非はありません
・相手の怒りをおさめることを重視します
・当社のレトルトカレーのラインナップには「甘口」「中辛」もあるので、辛いものが苦手ならそれらを試してほしいことを伝える
・「今後も皆さんが幸せになるレトルト食品の提供をめざす」ことを伝える
＜メール＞
御社のレトルト商品「激辛カレー」を購入した者です。辛すぎて食べることができませんでした。私が食べられないものが店頭に並んでいるのはおかしいと思います。辛いものが苦手な人の気持ちも考えてください。

出力結果

件名：激辛カレーのご意見ありがとうございます
お客様
この度は、当社商品「激辛カレー」をご購入いただき、またご不満の声をお寄せいただき、誠に申し訳ございません。
当商品は、辛いものが好きなお客様に楽しんでいただけるよう、辛さを重視して開発いたしました。しかし、お客様からご指摘いただいたように、辛いものが苦手なお客様にとっては、食べにくい商品であったことは重々承知しております。
当社は、辛いものが苦手なお客様にも楽しんでいただけるよう、甘口や中辛などの商

品もラインナップしております。また、今後もお客様の声を参考に、より多くの方に喜んでいただける商品を開発してまいります。お客様のご意見を真摯に受け止め、今後も皆さまが幸せになるレトルト食品の提供をめざしてまいります。
何卒よろしくお願い申し上げます。
株式会社○○

この返信のポイントは、以下のとおりです。
　　・最初に謝罪の言葉を述べ、相手の怒りをおさえることを目指す
　　・商品の開発意図を説明し、なぜ辛い商品を作ったのかを説明する
　　・辛いものが苦手なお客様にも楽しんでいただけるよう、複数の辛さのラインナップで対応していることを伝える
　　・今後もお客様の声を参考に、より多くの方に喜んでいただける商品を開発していくことを表明する
この返信によって、相手の怒りをおさえ、今後も当社商品を購入していただける可能性を高めることができると考えています。

クレーム電話の応答サンプルを作る

　クレーム電話への対応を想定した、トレーニング用の受け答えのサンプルを作りたい場合は、次のようにシチュエーションと対応の方向性を指定します。

 入力内容

「レトルト商品「激辛カレー」を購入したら辛すぎて食べられなかった」というクレーム電話に対する応答のサンプルを、「顧客」と「担当者」の会話形式で出力してください。
・理不尽なクレームです
・顧客はかなり怒っており、すぐに怒りは収まりません
・うまく顧客をなだめ、電話を終えるまでの流れを考えてください
・当社のレトルトカレーのラインナップには「甘口」「中辛」もあるので、辛いものが苦手ならそれらを試してほしいことを伝えます
・「今後も皆さんが幸せになるレトルト食品の提供をめざす」ことを伝えます

出力結果

顧客：お前らのレトルトカレー、辛すぎて食えねーぞ！
担当者：大変申し訳ございません。ご購入いただいた「激辛カレー」が辛すぎてお召し上がりいただけなかったとのこと、承知いたしました。
顧客：辛すぎて、もう二度と食わねー！

担当者：おっしゃる通り、激辛カレーは辛さが特徴の商品です。辛いものが苦手な方には不向きかもしれません。

顧客：当たり前だろ！商品名に「激辛」って書いてあるんだからな！

担当者：はい、その通りです。商品名に「激辛」と記載しているため、辛さのレベルをご理解いただけなかったのかもしれません。

顧客：馬鹿にしてるだろ？

担当者：決して馬鹿にしているわけではありません。当社のレトルトカレーのラインナップには「甘口」「中辛」もございます。辛いものが苦手な方は、そちらをお試しいただければと思います。

顧客：甘口か中辛なら食えるのか？

担当者：はい、甘口は辛さが控えめ、中辛は辛さと旨味がバランスよく調和された味わいです。

顧客：わかった。今度からは甘口か中辛を買うわ。

担当者：かしこまりました。今後も皆さんが幸せになるレトルト食品の提供をめざしてまいります。

顧客：ああ、もういい。切るよ。

担当者：はい、失礼いたしました。またのご利用を心よりお待ちしております。

（電話が切れる）

担当者の心得
- ・顧客の怒りを理解し、まずは謝罪する。
- ・商品の特徴を説明し、顧客の誤解を解く。
- ・辛いものが苦手な方向けの商品を紹介する。
- ・今後の改善につなげる。

この場合、顧客は理不尽なクレームを言っているものの、かなり怒っているため、まずは謝罪をして顧客の怒りを落ち着かせることが重要です。商品の特徴を説明し、顧客の誤解を解くことで、クレームの内容を整理することができます。また、辛いものが苦手な方向けの商品を紹介することで、顧客が納得してもらえるようにします。そして、今後の改善につなげることで、顧客の信頼を得ることができます。

💡 Hint

「返答の方向性」は指定する

　今回は、理不尽なクレームへの対応であることや、相手の怒りをおさめることを重視することを指示文に含めました。このように「どんな方向性で返答したいか」を指示すると、そのときの状況に最適化した返答を得られやすくなります。

04-08

顧客インタビューの項目を考える

商品開発のヒントになる質問を洗い出す

インタビューの質問項目なども、ゼロから自力で考えようとするとすぐには思いつかないものです。ここでは、今後の商品開発に生かすことを目的に自社の商品を利用している顧客にインタビューを行う状況を想定して質問項目を考えます。具体的な目的にあわせた質問を作成したり、自由回答では答えづらい質問に選択肢を用意したりすることもできます。

基本的な質問項目考える

質問項目案を出力したい場合は、次のように入力しましょう。

 入力内容

弊社で販売している入浴剤について、顧客インタビューを実施したいと思っています。どのような質問項目を設けるのがよいですか？

出力結果

顧客インタビュー 質問項目例：入浴剤

はじめに

　顧客インタビューは、自社の入浴剤について顧客のニーズや課題を深く理解し、商品開発やマーケティング戦略に活かすための重要な情報収集手段です。効果的なインタビューを行うためには、事前にしっかりと質問項目を準備することが重要です。

質問項目設定のポイント

　・顧客属性：年齢、性別、居住地域、家族構成、職業、収入など

　・入浴剤購入・使用状況：入浴剤を購入する頻度、購入場所、購入時の決め手、使用頻度、使用量、使用目的、使用シーンなど

　・入浴剤に関するニーズ：求める効果（温浴効果、保湿効果、香り、その他）、デザインやパッケージへの希望、価格帯への希望など

　・入浴剤に対する不満点：現在の入浴剤に不満がある点、改善してほしい点など

　・競合製品との比較：競合製品を使用している場合は、その製品を選んだ理由と、自社の入浴剤との比較など

　・その他：入浴に関する習慣やこだわり、バスルーム環境など

質問項目例

1. 入浴剤を購入する頻度と購入場所は？
　　・1ヶ月あたり、入浴剤をどれくらいの頻度で購入しますか？
　　・入浴剤をどこで購入することが多いですか？（ドラッグストア、スーパー、ネットショップなど）
　　・入浴剤を購入する際に、どのような点にこだわりますか？（香り、効果、価格など）
2. 普段どのような入浴剤を使用していますか？
　　・普段どのような入浴剤を使用していますか？（商品名、香りなど）
　　・その入浴剤を選んだ理由は？
　　・その入浴剤の気に入っている点は？
　　・その入浴剤の不満点は？
3. 入浴剤にどのような効果を求めますか？
　　・入浴剤を使用する際に、どのような効果を求めますか？（温浴効果、保湿効果、香り、リラックス効果など）
　　・理想の入浴剤はどのようなものですか？
4. 入浴剤のデザインやパッケージについてどう思いますか？
　　・入浴剤のデザインやパッケージは、購入の決め手になりますか？
　　・どのようなデザインやパッケージが好みですか？
5. 入浴剤の価格帯についてどう思いますか？
　　・入浴剤の価格帯は、どのくらいが適切だと思いますか？
　　・入浴剤にいくらだったら支払っても良いですか？
　　（以下略）

目的に合わせた追加質問を考える

　インタビューの目的に合わせた追加の質問項目を用意したい場合は、次のように指示します。

 入力内容

現在の商品は冬向けですが、今後は他のシーズン向けの商品の開発にも力を入れたいと思っています。開発のヒントになるような質問例を5つ出してください。

🤖 出力結果

季節別入浴剤開発ヒント！顧客インタビュー質問例5選
1. 春の訪れを感じる入浴剤で、どんな気分になりたいですか？
　　例：
　　・冬の疲れを癒し、心身ともにリフレッシュしたい
　　・ぽかぽか陽気に包まれたような、軽やかな気分になりたい

・新しい季節の始まりを、爽やかに迎えたい
2. 夏の暑さを乗り切るために、入浴剤にどんな効果を求めますか？
　例：
　　・体の芯から冷やされ、涼感を得たい
　　・肌のべたつきを抑え、さっぱりしたい
　　・リラックス効果で、疲れを癒したい
3. 秋の夜長を楽しむために、入浴剤にどんな香りや雰囲気を求めますか？
　例：
　　・落ち着いた香りで、リラックスしたい
　　・ロマンチックな雰囲気を演出したい
　　・ぐっすり眠れるような、安眠効果が欲しい
4. 冬の寒さを和らげるために、入浴剤にどんな効果を求めますか？
　例：
　　・体を芯から温め、冷えを改善したい
　　・保湿効果で、乾燥を防ぎたい
　　・風邪予防効果が欲しい
5. 季節に合わせた入浴剤を選ぶ際に、どのような点にこだわりますか？
　例：
　　・香り
　　・効果
　　・デザイン
　　・価格

その他
　　・それぞれの季節に、入浴でどのようなことを大切にしていますか？
　　・季節によって、入浴習慣はどのように変わりますか？
　　・理想の季節別入浴剤があれば、具体的に教えてください。

これらの質問を参考に、顧客インタビューを実施することで、それぞれの季節における顧客のニーズや課題を深く理解することができます。

さらに、以下の点にも注意すると、より効果的なインタビューを行うことができます。
　　・質問はオープンエンド型にする。
　　・顧客の話をよく聞き、共感を示しながらインタビューを進める。
　　・顧客の回答をメモだけでなく、録音などでも記録しておく。
　　・インタビュー後には、顧客に感謝の気持ちを伝える。

顧客インタビューは、貴重な顧客情報を収集する貴重な機会です。しっかりと準備をして、顧客のニーズや課題を深く理解し、季節に合わせた魅力的な入浴剤を開発してください。

　（以下略）

回答の選択肢を作成する

質問を自由回答ではなく選択式にしたい場合は、次のように指示して選択肢の候補を作成します。

 入力内容

「理想の入浴剤はどのようなものですか？」の質問を選択式にしたいと思います。回答の選択肢の候補を出力してください。

出力結果

理想の入浴剤 選択式回答例

1. 効果・効能
   - 温浴効果で体を芯から温めたい
   - 保湿効果で肌を潤したい
   - 冷感効果で体をクールダウンしたい
   - リラックス効果で心身を癒したい
   - 発汗効果でデトックスしたい
   - 美肌効果で肌を美しくしたい
   - 風邪予防効果で風邪を引きにくくしたい
   - アロマ効果で気分転換したい
   - その他（具体的な効果・効能を記入）

2. 香り
   - 柑橘系の爽やかな香り
   - フローラル系の華やかな香り
   - グリーン系のリラックスできる香り
   - ウッディ系の落ち着いた香り
   - バニラなどの甘い香り
   - 無香料
   - その他（具体的な香りを記入）

3. デザイン・パッケージ
   - シンプルでスタイリッシュなデザイン
   - ナチュラルで優しい雰囲気のデザイン
   - 高級感のあるデザイン
   - 季節感のあるデザイン
   - キャラクターデザイン
   - その他（具体的なデザイン・パッケージを記入）

   （以下略）

04-09

AIとブレストしながらイベントを企画する

企画が思いつかないときはGeminiに相談

Geminiとブレインストーミングをすることで、自分では考えつかなかったアイデアを生み出せることがあります。ここでは、新商品をPRするためのイベントについて、Geminiと相談しながら企画を考えていきます。出力されたアイデアから、複数のものを組み合わせたり、よいと思うアイデアについて詳細を出したりすることも可能です。

新製品PRイベントのアイデアを出す

　実施したいイベントの目的やPRしたい商品の特徴を指定して、以下のように指示します。

 入力内容

当社の新製品「エコロジーペン」をPRするためのイベントを実施したいと思います。どのような内容がいいと思いますか？商品の特徴は以下の通りです。
・再生プラスチックを使用した本体と、環境にやさしい素材のインクを使用したボールペン
・ターゲットは10〜30代の男女
・インクのカラーは全10色

出力結果

エコロジーペンの特徴を踏まえると、以下のイベント内容が考えられます。
　・環境問題に関するワークショップや講演会
ターゲットである10〜30代の男女は、環境問題への関心が高いと考えられます。そのため、環境問題に関するワークショップや講演会を開催し、エコロジーペンの環境にやさしい特徴をアピールすることが効果的です。
例えば、以下のようなワークショップや講演会を開催できます。
　・環境問題に関するクイズやゲームを開催し、環境問題への理解を深める
　・環境問題に関する専門家による講演会を開催し、環境問題の最新情報を提供する
　・エコロジーペンの無料配布
エコロジーペンの使い心地を実際に体験してもらうことで、商品の魅力をアピールすることができます。そのため、エコロジーペンの無料配布イベントを開催するのも良

いでしょう。

例えば、以下のようなイベントを開催できます。

　　・街頭でエコロジーペンを配布する

　　・イベント会場でエコロジーペンを配布する

　　・エコロジーペンを使った作品コンテスト

エコロジーペンを使った作品コンテストは、ターゲットの創造性を刺激し、エコロジーペンの認知度を高めるのに効果的です。

例えば、以下のようなコンテストを開催できます。

　　・イラストやデザインを募集するコンテスト

　　・詩やエッセイを募集するコンテスト

これらのイベントは、ターゲットの興味や関心をうまく取り入れることで、より効果的にPRすることができます。

具体的なイベント内容を検討する際には、以下の点を考慮するとよいでしょう。

　　・ターゲットの興味や関心

　　・イベントの目的

　　・イベントの予算

ターゲットの興味や関心を把握したうえで、イベントの目的を明確にすることで、効果的なイベントを企画することができます。また、イベントの予算を考慮して、無理のない範囲で実施することも大切です。

なお、イベントの実施にあたっては、事前にイベントの告知を行い、多くの人が参加できるようにしましょう。また、イベント当日は、スタッフを配置して、参加者が快適に過ごせるように配慮することも重要です。

イベントの企画をつめる

　上記で出力されたイベントの企画案のうち、2つを組み合わせたものを実施したいなら、次のように入力してください。

 入力内容

「エコロジーペンを使った作品コンテスト」と、「エコロジーペンの配布」を組み合わせたイベントを実施する場合、どのようなアイデアが考えられますか？

出力結果

「エコロジーペンを使った作品コンテスト」と「エコロジーペンの配布」を組み合わせたイベントを実施する場合、以下のアイデアが考えられます。

　　・**エコロジーペンを使った作品展**

エコロジーペンで描いた作品を展示するイベントです。作品は、イラスト、デザイン、

詩、エッセイなど、さまざまなジャンルの作品を募集することができます。

イベントの開催場所は、商業施設や公共施設などが考えられます。また、イベント期間中は、エコロジーペンの無料配布も行うことで、より多くの人にエコロジーペンの魅力を知ってもらうことができます。

・エコロジーペンを使ったワークショップ

エコロジーペンを使った作品作りを体験できるワークショップです。参加者は、エコロジーペンでイラストやデザインを描いたり、詩やエッセイを書いたりすることができます。

ワークショップの開催場所は、商業施設や公共施設などが考えられます。また、イベント当日は、エコロジーペンの無料配布も行うことで、より多くの人にエコロジーペンの魅力を知ってもらうことができます。

・エコロジーペンを使ったスタンプラリー

エコロジーペンでスタンプを集めるイベントです。スタンプは、イベント会場や周辺の店舗などに設置します。スタンプを集めた参加者には、抽選でエコロジーペンなどのプレゼントが当たるなどの特典を用意すると、より参加者を増やすことができます。

イベントの開催場所は、商業施設や公共施設などが考えられます。また、イベント当日は、エコロジーペンの無料配布も行うことで、より多くの人にエコロジーペンの魅力を知ってもらうことができます。

具体的なイベント内容を検討する際には、以下の点を考慮するとよいでしょう。

　　・ターゲットの興味や関心
　　・イベントの目的
　　・イベントの予算
　（以下略）

イベント実施に必要な準備を洗い出す

　上記で出力された内容でイベントを実施する場合、次のように入力すると必要な準備を洗い出すことができます。

 入力内容

上記を組み合わせて、次のような3段階のイベントを実施したいと思います。それぞれにどのような準備が必要ですか？

(1)エコロジーペンを使ったイラストコンテストを開催し、作品を募集

(2)募集期間中にエコロジーペンを使ったイラストワークショップを実施し、会場でエコロジーペンを配布

(3)コンテスト入賞作の作品展を実施し、来場者にエコロジーペンを配布

(1) エコロジーペンを使ったイラストコンテストを開催し、作品を募集
- ●コンテストの内容を決定する
  - ・募集テーマ、応募資格、応募方法、賞品などを決定します。
- ●応募作品の審査基準を決定する
  - ・コンテストで評価するポイントを明確にします。
- ●コンテスト告知を行う
  - ・イベントの公式サイトやSNSなどで告知を行い、多くの人に応募を促します。
- ●応募作品を受付する
  - ・作品を受付する方法やスケジュールを決定します。
- ●応募作品を審査する
  - ・審査員を決め、作品を審査します。
- ●入賞作品を発表する
  - ・入賞作品を公式サイトやSNSなどで発表します。

(2) 募集期間中にエコロジーペンを使ったイラストワークショップを実施し、会場でエコロジーペンを配布
- ●ワークショップの内容を決定する
  - ・ワークショップで体験できる内容を決定します。
- ●ワークショップの開催場所を決定する
  - ・商業施設や公共施設などのイベントスペースを借りて開催するのが一般的です。
- ●ワークショップの開催日時を決定する
  - ・ターゲット層のスケジュールに合わせて開催日時を決めます。
- ●ワークショップの告知を行う
  - ・イベントの公式サイトやSNSなどで告知を行い、多くの人に参加を促します。
- ●ワークショップの運営を行う
  - ・講師を配置して、参加者が快適にワークショップを楽しめるようにします。
- ●ワークショップの参加者にエコロジーペンを配布する
  - ・ワークショップに参加した人全員にエコロジーペンを配布すると、より多くの人にエコロジーペンの魅力を知ってもらうことができます。

(3) コンテスト入賞作の作品展を実施し、来場者にエコロジーペンを配布
- ●作品展の開催場所を決定する
  - ・商業施設や公共施設などのイベントスペースを借りて開催するのが一般的です。

　(以下略)

04-10

企画書を作成する

アイデアの原案から一瞬で企画書を作る

ここでは、前項で出力した新商品のPRイベントの企画案を元に企画書を作成します。内容がある程度固まっている状態でも、そこから改めて企画書として形を整えるのは意外と億劫なもの。そんなときも、Geminiを使えば簡単に企画書の形式にしてくれます。本項は、前項で使用したチャットを引き続き使用して出力を行っています。

イベントの内容案から企画書をつくる

前ページ「04-09　AIとブレストしながらイベントを企画する」の出力内容に続き、以下のように入力します。

 入力内容

このイベントの企画書を作成してください

出力結果

イベント企画書
イベント名
　エコロジーペン PR イベント
イベント概要
　当社の新製品「エコロジーペン」のPRを目的としたイベントです。イベントでは、エコロジーペンを使ったイラストコンテストを開催し、作品を募集します。また、募集期間中にエコロジーペンを使ったイラストワークショップを実施し、会場でエコロジーペンを配布します。最後に、コンテスト入賞作の作品展を実施し、来場者にエコロジーペンを配布します。
イベントの目的
　　・エコロジーペンの認知度を高める
　　・エコロジーペンの魅力をアピールする
　　・エコロジーペンを使った創造性を刺激する
ターゲット層
　10~30代の男女
予算

100万円

スケジュール

2024年12月～2025年2月

イベント内容

(1) エコロジーペンを使ったイラストコンテスト

- ●募集テーマ：自由
- ●応募資格：10～30代の男女
- ●応募方法：公式サイトの応募フォームから
- ●賞品：
  - ・最優秀賞：エコロジーペン10本セット、Amazonギフト券1万円分
  - ・優秀賞：エコロジーペン5本セット、Amazonギフト券5千円分
  - ・入選：エコロジーペン3本セット
- ●応募期間：2024年12月1日～2025年1月31日
- ●審査基準：
  独創性、表現力、環境への配慮

(2) エコロジーペンを使ったイラストワークショップ

- ・内容：エコロジーペンを使ってイラストを描く
- ・開催場所：商業施設や公共施設のイベントスペース
- ・開催日時：2024年12月1日～2025年1月31日
- ・開催時間：1回あたり2時間
- ・参加費：1,000円
- ・定員：各回30名

(3) コンテスト入賞作の作品展

- ・内容：コンテスト入賞作の展示
- ・開催場所：商業施設や公共施設のイベントスペース
- ・開催日時：2025年2月1日～2月28日
- ・開催時間：10:00～20:00
- ・入場料：無料

イベントの実施にあたっての注意事項

・イベントの開催にあたり、新型コロナウイルス感染症の拡大状況を踏まえて、感染防止対策を徹底します。

（以下略）

💡 Hint

自分で考えた企画案から企画書を作る

　ここでは、Geminiを使って考えた企画案に続けて指示文を入力することで企画書を作成していますが、自分で考えた企画案を入力して企画書を作ることもできます。その場合は、指示文を「以下の内容でイベントの企画書を作成してください」などにして、その下に企画案を入力しましょう。

04-11

企画書からプレゼン資料を作成する

スライドの見出しやテキスト、画像案を出す

文字ベースの企画書を元にPowerPointなどのスライドを作成したい場合は、見出しや説明、どんな画像を入れるのがふさわしいかをGeminiに考えてもらいましょう。現時点では、Geminiで画像生成ができるのは英語版のみですが（P.218参照）、他の画像生成AIで使うための指示文を出力することはできます。（※「04-10」で使用したチャットを引き続き使用して出力を行っています）

スライドのタイトルやテキストを作成する

企画書の内容を元にプレゼンテーションスライドを作成する場合、前ページの出力結果に続けて次のように入力します。

 入力内容

この企画書を元に、以下の条件で社内プレゼンテーション用のスライドの草案を作成してください。
・全8ページ程度
・各ページは「タイトル＋説明テキスト」の構成
・説明テキストはできるだけ短くする

出力結果

スライド1
タイトル：エコロジーペン PR イベントの企画概要
説明テキスト：
当社の新製品「エコロジーペン」のPRを目的としたイベントを企画しました。イベントでは、エコロジーペンを使ったイラストコンテストを開催し、作品を募集します。また、募集期間中にエコロジーペンを使ったイラストワークショップを実施し、会場でエコロジーペンを配布します。最後に、コンテスト入賞作の作品展を実施し、来場者にエコロジーペンを配布します。
スライド2
タイトル：イベントの目的
説明テキスト：
・エコロジーペンの認知度を高める

・エコロジーペンの魅力をアピールする
　　・エコロジーペンを使った創造性を刺激する
スライド3
タイトル：ターゲット層
説明テキスト：
10～30代の男女
スライド4
タイトル：予算
説明テキスト：
100万円
スライド5
タイトル：スケジュール
説明テキスト：
2024年12月～2025年2月
スライド6
タイトル：イベント内容
説明テキスト：
(1)エコロジーペンを使ったイラストコンテスト
　　●募集テーマ：自由
　　●応募資格：10～30代の男女
　　（中略）
スライド7
タイトル：イベントの実施にあたっての注意事項
説明テキスト：
　　・イベントの開催にあたり、新型コロナウイルス感染症の拡大状況を踏まえて、感染防止対策を徹底します。
　　・イベントの告知は、公式サイトやSNSなどで行います。
　　・イベントの運営は、スタッフを配置して、参加者が快適に過ごせるようにします。
スライド8
タイトル：まとめ
説明テキスト：
このイベントは、エコロジーペンの魅力を多くの人に知ってもらうために企画しました。イベントを通じて、エコロジーペンの認知度を高め、環境問題への関心を高めるきっかけになればと考えています。
上記のスライド構成は、あくまでも一例です。ターゲット層やイベントの目的に合わせて、内容や説明テキストを調整してください。また、スライドのデザインや配色にも気を配り、視覚的にわかりやすいプレゼンテーションを心がけましょう。
以下に、社内プレゼンテーションの際に押さえておきたいポイントをまとめます。
　　（以下略）

スライドに入れる画像にふさわしいものを提案してもらうには、上記の出力に続いて次のように入力します。

入力内容

各スライドに画像を入れるとしたら、どのようなものがふさわしいと思いますか？画像の内容案をテキストで提案してください。

出力結果

各スライドに画像を入れると、視覚的にわかりやすく、プレゼンテーションの印象を良くすることができます。また、画像の内容を工夫することで、イベントの目的やターゲット層をより効果的に伝えることができます。
以下に、各スライドに画像を入れるとしたら、どのようなものがふさわしいか、画像の内容案をテキストで提案します。
スライド1
　・エコロジーペンのイラストや写真
　・イベントの概要をまとめたイラストや図
スライド2
　・イベントの目的を象徴するイラストや写真
　・ターゲット層をイメージさせるイラストや写真
スライド3
　・ターゲット層の年代や性別を示すイラストや写真
スライド4
　・イベントの予算を示すグラフや図
スライド5
　・イベントのスケジュールを示すカレンダーや図
スライド6
　・イベントの内容を象徴するイラストや写真
　・イベントの目的を強調するイラストや写真
スライド7
　・イベントの実施にあたっての注意事項を示すイラストや写真
スライド8
　・イベントの成功イメージを示すイラストや写真

04

文章を作成する

画像生成AIで使う指示文を出力する

　提案された画像を、画像生成AIで作るためのプロンプト（指示文）が必要な場合は、上記に続いて次のように入力します。

 入力内容

「イベントの成功イメージを示すイラスト」を、画像生成AIの「Adobe Firefly」で作りたいと思います。そのまま入力して使える日本語のプロンプトの例を教えてください。

出力結果

以下に、Adobe Fireflyで「イベントの成功イメージを示すイラスト」を作成するためのプロンプトの例をいくつかご紹介します。
　・ターゲット層を意識したプロンプト
ターゲット層が10～30代の男女であれば、以下のプロンプトを使うとよいでしょう。
エコロジーペンのイラストコンテストで入賞した作品が展示された作品展で、若い男女が集まって作品を見ている様子
　・イベントの目的を強調したプロンプト
イベントの目的がエコロジーペンの認知度を高めることであれば、以下のプロンプトを使うとよいでしょう。
エコロジーペンを使ってイラストを描くワークショップで、参加者が楽しそうにイラストを描いている様子
　（以下略）

📖 **Note**

画像生成AIを使う

　ここで出力されたプロンプトを、「Adobe Firefly」（https://firefly.adobe.com）などの画像生成AIの入力欄にコピー＆ペーストして生成を行うと、指示内容に沿った画像が生成されます。
※「エコロジーペンを使ってイラストを描くワークショップで、参加者が楽しそうにイラストを描いている様子」のプロンプトを使い、「アート」「アニメ」を選択した場合の出力結果

04-12

SNS投稿文を作成する

SNSごとの書き分けも簡単にできる

企業などがSNSで自社のPRやイベント告知を行う際の投稿文も、Geminiに頼めば簡単に作ってもらえます。単に告知文を作るだけでなく、各SNSの特徴を踏まえた書き分けも可能です。ここでは、イベントの告知投稿を想定して、投稿文の作成とSNSごとの書き分け、ハッシュタグの生成などを行います。また、動画を投稿する場合の構成も作成しています。

04

文章を作成する

イベントの告知投稿を作成する

以下のように指示文を書き、その下にイベントの概要を入力します。

 入力内容

以下のイベントを告知するSNSの投稿文を作成したいと思います。そのまま投稿できる形式で、思わず応募したくなるような投稿文を考えてください。

イベント名：エコロジーペン　環境イラストコンテスト
募集テーマ：「地球の未来」
画材：当社の商品「エコロジーペン」を使用
応募方法：公式サイトの応募フォームから
賞品：
最優秀賞：エコロジーペン10本セット、Amazonギフト券1万円分
優秀賞：エコロジーペン5本セット、Amazonギフト券5千円分
入選：エコロジーペン3本セット
応募期間：2024年12月1日～2025年1月31日
審査基準：独創性、表現力、環境への配慮

出力結果

タイトル：あなたの描く「地球の未来」を募集！
本文：
地球環境の未来を描いたイラストを募集する「エコロジーペン　環境イラストコンテスト」を開催します。
応募テーマは「地球の未来」。あなたの描く、温暖化や環境汚染などの課題を解決した

豊かで持続可能な地球の姿を教えてください。

画材は当社の商品「エコロジーペン」を使用します。環境に配慮した素材で作られた
ペンで、地球にやさしいイラストを描きましょう。

最優秀賞には、エコロジーペン10本セットとAmazonギフト券1万円分を贈呈します。

応募期間は2024年12月1日～2025年1月31日です。

あなたの描く「地球の未来」をぜひお待ちしています！

ハッシュタグ：#エコロジーペン #環境イラストコンテスト

画像：地球の未来を描いたイラスト（例）

SNSごとに投稿文を書き分ける

　投稿文を、各SNSの特徴を踏まえた文面で書き分けしたい場合は、上記の出力
結果に続けて次のように指示します。

 入力内容

上記の内容を元に、X（Twitter）用、Instagram用、Facebook用の投稿文を書き分
けてください

🤖 出力結果

Twitter用
タイトル：
#エコロジーペン 環境イラストコンテスト開催！
本文：
地球の未来を描いたイラストを募集します。
テーマは「地球の未来」。
画材は当社の「エコロジーペン」を使用。
最優秀賞にはエコロジーペン10本セットとAmazonギフト券1万円分。
応募期間は12/1～1/31まで。
あなたの描く「地球の未来」をぜひ！
ハッシュタグ：
#エコロジーペン #環境イラストコンテスト
画像：
地球の未来を描いたイラスト（例）
Instagram用
タイトル：
あなたの描く「地球の未来」を募集！
本文：

温暖化や環境汚染などの課題を解決した、豊かで持続可能な地球の姿を描いてみませんか？
画材は環境に配慮した素材で作られた「エコロジーペン」を使用。
最優秀賞にはエコロジーペン10本セットとAmazonギフト券1万円分。
応募期間は12/1〜1/31まで。
#エコロジーペン #環境イラストコンテスト
画像：
地球の未来を描いたイラスト（例）
Facebook用
　（中略）
各プラットフォームの特徴を踏まえて、以下のような工夫をしました。
　●ツイッター：
　　・140字以内で簡潔にまとめ、ハッシュタグを活用して拡散を促す。
　　・応募期間を強調して、早めの応募を促す。
　●インスタグラム：
　　・画像を大きく載せて、目を引くようにする。
　　・応募期間を強調して、早めの応募を促す。
　●フェイスブック：
　　・本文を詳しく説明し、応募者のモチベーションを高める。
　　・応募期間を強調して、早めの応募を促す。
もちろん、各企業や団体の雰囲気やターゲットに合わせて、自由にカスタマイズしてください。

投稿につけるハッシュタグを考える

　投稿文につけるハッシュタグの数を増やしたい場合は、上記の出力結果に続けて次のように指示します。

 入力内容

Instagramの投稿につけるハッシュタグを増やすとしたら、どのようなものがふさわしいですか？

出力結果

投稿につけるハッシュタグを増やすと、以下のメリットがあります。
　　・より多くのユーザーに投稿をみてもらうことができる
　　・同じテーマの投稿を探しているユーザーとつながることができる
　　・投稿が関連するタグページに表示されやすくなる

具体的には、以下のハッシュタグがふさわしいでしょう。
　　・イベントに関するハッシュタグ
イベントのテーマやジャンルに関するハッシュタグを活用することで、同じテーマに興味を持つユーザーに投稿をみてもらうことができます。
例えば、今回のイベントの場合は、以下のハッシュタグが考えられます。
＃環境イラスト
＃地球の未来
＃環境問題
＃イラストコンテスト
　　・イラストに関するハッシュタグ
イラストに関するハッシュタグを活用することで、イラストに関心のあるユーザーに投稿をみてもらうことができます。
例えば、以下のハッシュタグが考えられます。
＃イラスト
＃イラストレーション
＃ペン画
＃絵
　（以下略）

動画投稿の内容を考える

　動画SNSのTikTokに投稿する短尺動画に載せる内容を決めたい場合は、次のように指示文を書き、その下にイベントの概要を入力します。

 入力内容

以下のイベントを告知する、15秒のTikTok動画の構成を考えてください

イベント名：エコロジーペン　環境イラストコンテスト
募集テーマ：「地球の未来」
　（以下略）

 出力結果

構成
　　1.タイトルと募集テーマの紹介（2秒）
　　2.画材と応募方法の紹介（2秒）
　　3.賞品の紹介（2秒）
　　4.応募期間と審査基準の紹介（2秒）

5. ハッシュタグと公式サイトのリンク（2秒）

動画内容

　1. 地球のイラストが映し出され、「エコロジーペン　環境イラストコンテスト」とタイトルが表示される。

　2.「地球の未来」という募集テーマが映し出され、イラストを描く人の手元が映し出される。

　3.「エコロジーペン」のパッケージが映し出され、画材と応募方法が紹介される。

　4. 賞品が映し出され、応募期間と審査基準が紹介される。

　5.「＃エコロジーペンコンテスト」とハッシュタグが表示され、公式サイトのリンクが表示される。

ナレーション

「エコロジーペン　環境イラストコンテスト」

「地球の未来」をテーマに、あなたのイラストを募集します。

使用画材は、当社の商品「エコロジーペン」です。

最優秀賞には、エコロジーペン10本セットとAmazonギフト券1万円分が贈られます。

応募期間は2024年12月1日～2025年1月31日です。

審査基準は、独創性、表現力、環境への配慮です。

「＃エコロジーペンコンテスト」をつけて、あなたのイラストを投稿してください。

公式サイトの応募フォームから、ぜひご応募ください。

音楽

アップテンポで明るい曲調の音楽をBGMに使用します。

ハッシュタグ

「＃エコロジーペンコンテスト」

公式サイトのリンク

イベントの公式サイトのURLを動画内に表示します。

効果

　1. 短い時間でイベントの概要をわかりやすく伝えることができます。

　2. イラストや音楽などの視覚・聴覚効果を活用することで、視聴者の興味を引くことができます。

　3. ハッシュタグや公式サイトのリンクを表示することで、視聴者のアクションを促すことができます。

この構成はあくまで一例ですので、イベントのターゲットや目的に合わせて、内容を調整してください。

⚠ Check

出力結果の確認は忘れずに

　ここでは「15秒」の指示に対して、出力結果の合計時間は10秒になっています。このように指示に合わない結果が出力された場合は適宜調整しましょう。

04-13

SNS投稿文の炎上リスクをチェックする

投稿前に問題表現がないかを確認

SNSに投稿する文章に、人によっては不快に感じる表現や差別的な表現が含まれていると、多くの批判を集める「炎上」につながる恐れがあります。Geminiに質問することで、投稿文に炎上リスクのある表現が含まれていないかを事前に確認したり、言い換え表現の候補を提案してもらったりすることが可能。投稿を行う前のできます。

投稿に炎上の可能性がある表現がないか確認する

指示文を次のように入力し、その下に文章をコピー＆ペーストします。

 入力内容

以下のSNS投稿文に、炎上リスクのある表現は含まれていますか？

人気のカラーペンシリーズに、筆ペンタイプが登場しました！ヤバいくらい鮮やかな発色です。お披露目配信では、美人イラストレーター・Aさんがライブペインティングを行います。

🤖 出力結果

拝見した投稿文には、現時点では炎上リスクと判断される表現は見受けられません。しかし、いくつか注意すべき点と、より炎上リスクを低減するための改善案を提案させていただきます。

1.「ヤバい」という表現の使用

「ヤバい」という言葉は、若者を中心に広く使われている表現ですが、人によってはネガティブな印象を与えてしまう可能性があります。特に、目上の人や、フォーマルな場では使用を控えた方が無難です。

改善案：

・「すごい」「鮮やか」「美しい」など、よりポジティブな表現に置き換える。

・ターゲット層に合わせて、適切な表現を選ぶ。

2. 特定の個人を称賛する表現

「美人イラストレーター・Aさん」という表現は、Aさんの容姿に焦点を当てていると捉えられ、一部の人から反感を買う可能性があります。イラストレーターとしての功績や作品に言及することで、より客観的な表現になります。

04-14

英文メールの返信を考える

突然の英語での連絡ももう怖くない！

突然届いた英語のメールへの対応も Gemini に任せることができます。メールの文章を日本語に翻訳して読むだけでなく、返信の作成も簡単。盛り込みたい内容を日本語で箇条書きにするだけで英語の返信メールの文章が完成するので、英語が書けなくても、英文メールの書き方のルールを知らなくてもすぐに返事をすることができます。

届いたメールを日本語に翻訳する

「以下の英文メールを日本語に翻訳してください」と入力し、続けて翻訳したいメールの文章をコピー&ペーストします。

 入力内容

以下の英文メールを日本語に翻訳してください
I hope this email finds you well. We are Stationary News and I am with a news media outlet based in Los Angeles. We are highly interested in featuring your innovative product, the "Ecology Pen", along with any related events on our website. We believe that our readers would greatly appreciate learning more about your sustainable product offerings.
（以下略）

🤖 出力結果

ご多忙のところ恐れ入りますが、ご連絡申し上げます。
ステーショナリー・ニュースと申します、ロサンゼルスに拠点を置くニュースメディアです。貴社の革新的な製品である「エコロジーペン」とその関連イベントを、当社のウェブサイトで取り上げたいと強く希望しております。当社の読者は、貴社の持続可能な製品ラインナップについてもっと知りたいと強く願っていると考えております。掲載に際しては、貴社の「エコロジーペン」とその関連イベントを当社のプラットフォームで取り上げることについて、貴社の承認を得ていることを確認したいと考えております。貴社の協力により、当社の読者は環境に優しい製品の重要性と利点についてより深く理解することができるようになり、持続可能性を促進するという当社の理念に沿うものとなります。さらに、「エコロジーペン」の米国における入手可能性に

ついてもお問い合わせしたいと考えております。
　（以下略）

メールの返信を英語で作成する

　メールの返信を英語で書きたいときは、返信に盛り込みたい内容を簡条書きにして、次のように指示しましょう。

 入力内容

このメールに対して、以下の内容を返信したいと思います。メールの文章を英語で作成してください。
・弊社の商品を取り上げてもらえることを光栄に思う。ぜひ紹介してください
・残念ながら、米国内の店舗での販売は行っていない
・ただし、ECサイトは米国への発送にも対応している

出力結果

Dear Stationary News,
Thank you for your email. We are delighted to hear that you are interested in featuring our "Ecology Pen" and related events on your website. We would be happy to grant you permission to do so.
We are currently not selling our products through retail outlets in the United States. However, our e-commerce platform does support international shipping, including to the United States. We would be happy to provide you with a link to our website so that your readers can purchase our products.
　（以下略）

📋 Note

翻訳専用ツールと比べたメリット
　英語のメールを日本語に翻訳したり、日本語で書いたメールの下書きを英語に翻訳したりするだけであれば、「Google翻訳」や「Deep L翻訳」といった翻訳に特化したツールを使うこともできます。それらのツールと比べた場合のGeminiを使うメリットは、「返信の全文を書かなくても、英文メールの形式で出力される」点にあります。つまり、英文メールの書き出しや結びのルールを知らなくても簡単に返信を作成できるのです。

04-15

オリジナルの英語教材を作る

好きな英文を元に単語帳や類語集を作成できる

さまざまな言語を扱えるGeminiは、語学学習でも活躍します。任意の英文を元に単語帳や例文集を作ったり、類語を調べたりすることで、オリジナルの英語教材として使うことも可能。レベルの設定も自由に行えます。興味のあるジャンルのニュースや好きな文学作品などの文章を使って教材を作成すれば、楽しみながら学ぶことができます。

04

文章を作成する

英文から単語帳を作る

英語の文章から一定のレベルの単語を抽出して日本語訳つきの一覧にしたい場合は、次のように入力して、その下に英文をコピー&ペーストしましょう。

 入力内容

以下の英文から英検2級レベルの単語をピックアップして、日本語訳をつけて表にまとめてください。
In 1815, M. Charles-François-Bienvenu Myriel was Bishop of D—— He was an old man of about seventy-five years of age; he had occupied the see of D—— since 1806.
Although this detail has no connection whatever with the real substance of what we are about to relate, it will not be superfluous, if merely for the sake of exactness in all points, to mention here the various rumors and re marks which had been in circulation about him from the very moment when he arrived in the diocese.
（以下略）

 出力結果

英検2級レベルの単語	日本語訳
diocese	教区
rumors	うわさ
remarks	評

salient	際立った
dissipated	浪費した
solitude	孤独
distracted	気の散った
overwhelmed	圧倒した
struck	打撃を与えた
existence	生存
fortune	財産
anteroom	待合室
astonishment	驚き
appointed	任命された
obscure	曖昧な

単語から例文を作成する

さきほど作った単語から例文を作成することもできます。

 入力内容

上記の単語を使った英語の例文と日本語訳を出してください

🤖 出力結果

英単語	例文	日本語訳
diocese	The diocese of Tokyo is the largest in Japan.	東京教区は日本で最大の教区です。
rumors	There are many rumors about the new president.	新しい大統領に関する多くのうわさがあります。
remarks	The remarks made by the politician were offensive.	その政治家の発言は不快なものでした。
salient	The salient features of the new product are its high quality and low price.	新製品の際立った特徴は、その高品質と低価格です。

（以下略）

英単語の類語を調べる

英単語の類語を調べたいときは、次のように入力します。

入力内容

salientの類語を教えてください

出力結果

英単語「salient」の類語には、以下のようなものがあります。
・prominent：目立つ、顕著な
・conspicuous：目立つ、わかりやすい
・noticeable：目立つ、目に見える
・outstanding：際立った、突出した
・striking：印象的な、目を引く
・impressive：印象的な、感銘を与える
・remarkable：注目すべき、素晴らしい
・noteworthy：注目すべき、特筆すべき
・signal：重要な、目立つ
これらの類語は、いずれも「salient」と同様に、何かが際立って目立つことを意味
（以下略）

類語の使い分け方を確認する

類語の使い分けについて知りたい場合は、上記の出力結果に続いて次のように入力しましょう。

入力内容

これらの類語は、どのように使い分ければよいですか？

出力結果

これらの類語は、いずれも「際立った」という意味ですが、ニュアンスの違いがあります。
・prominent：目立つ、顕著な
・conspicuous：目立つ、わかりやすい
・noticeable：目立つ、目に見える
これらの単語は、いずれも「salient」と同じくらい一般的に使用される類語です。特

に「prominent」は、物理的な特徴や地位などの、目で見てわかるものを形容するのに適しています。例えば、「The president's prominent bald spot was the subject of much discussion.」という文は、「大統領の目立つ禿げ頭は、多くの議論の的となった。」という意味になります。

- ・outstanding：際立った、突出した
- ・striking：印象的な、目を引く
- ・impressive：印象的な、感銘を与える
- ・remarkable：注目すべき、素晴らしい
- ・noteworthy：注目すべき、特筆すべき
- ・signal：重要な、目立つ

これらの単語は、より主観的なニュアンスを持っています。例えば、「The outstanding feature of the new product is its low price.」という文は、「新製品の際立った特徴は、その低価格です。」という意味になりますが、これは単に価格が低いというだけでなく、価格が他の製品と比べて際立って低いという意味になります。

具体的な使い分けとしては、以下のようなものが挙げられます。

- ・物理的な特徴や地位などの、目で見てわかるものを形容する：prominent, conspicuous, noticeable
- ・主観的なニュアンスを含めて形容する：outstanding, striking, impressive, remarkable, noteworthy, signal

例えば、以下のような文は、それぞれの類語のニュアンスの違いを表しています。

- ・The prominent mountain range can be seen from miles away.（目立つ山脈は、何マイルも離れたところから見ることができます。）
- ・The conspicuous red dress was the only thing I could see in the crowd.（群衆の中で目立っていたのは、目立つ赤いドレスだけだった。）

📋 Note

パブリックドメイン作品サイトは教材の宝庫

英語学習の教材として使うのに適した英文が見つからない場合は、パブリックドメイン（著作権切れ）の作品を活用するのが便利です。たとえば、「Project Gutenberg」（https://www.gutenberg.org）というサイトでは、『レ・ミゼラブル』『グリム童話』など有名作品の全文を英語で読むことができ、ダウンロードも可能。好きな作品を元にGeminiで英語教材を作成すれば、楽しく学ぶことができます。

04-16

英文の間違いを添削してもらう

文法の誤りを見つけて指摘してもらう

自分で書いた英語の文章に文法的な間違いがないかをチェックしたい場合も、Gemini を利用することができます。間違っている箇所を調べるだけでなく、どこが問題なのかを解説してもらったり、間違いを修正した正しい英文を出力してもらったりすることも可能です。人間の講師と違い、24時間いつでも、何度でも気兼ねなく質問できることも AI ならではのメリットでしょう。

自分で書いた英文の誤りを探す

　自分で書いた英文に文法の間違いがあるかどうかを調べたい場合は、次のように指示して、その下に英文をコピー＆ペーストしましょう。

 入力内容

以下の英文に文法的な間違いはありますか？日本語で回答してください。
Thank you for you email. We is delighted to hears that you are interest in featuring our "Ecology Pen" and related events on you website. We would be happy to granting you permission to do so. We are currently not sells our products through retail outlets in the United States. However, our e-commerce platform do support international shipping, including to the United States. We would be happy to provide you with a link to our website so that your readers can purchased our products.

出力結果

はい、以下の文法的な間違いがいくつかあります。
　・Thank you for you email. → Thank you for your email. ("your" のあとに単数形の "email" が必要です。)
　・We is delighted to hears that... → We are delighted to hear that... ("is" は "are" に修正し、"hears" は "hear" に修正しましょう。)
　・granting you permission to do so. → grant you permission to do so. ("granting" の後ろの "you" は不要です。)
　・We are currently not sells our products... → We currently do not sell our products... ("are not sells" は "do not sell" に言い換えましょう。)

・do support international shipping → supports international shipping ("do" は不要です。)

・purchased our products. → purchase our products. (現在形の "purchase" が適切です。)

修正した英文は以下の通りです。

（以下略）

間違えた箇所から自分の弱点を探る

間違えた内容から、自分の英語学習における弱点を知りたい場合は、上記の出力結果に続けて次のように入力します。

 入力内容

この間違いから、私の英語学習の弱点を教えてください

出力結果

英語学習の弱点：文法とスペル

今回の英文における文法的な間違いは、主に以下の2つのポイントに集中しています。

1. 文法
　・所有格代名詞と動詞の主語の一致
　・否定表現と動詞の位置
　・助動詞の使い方
　・動詞の時制

これらの文法事項は、英語学習の基礎的な部分であり、しっかりと理解しておくことが重要です。文法書や参考書を活用して、これらの文法事項を復習しましょう。

2. スペル
　・単語のスペルミス
　・句読点の使い方
　（以下略）

🔔 Hint

回答が英語になってしまう場合は？

　本項で紹介した例のように、日本語と英語の両方が含まれた指示文の場合、回答が英語で出力されてしまう場合があります。指示文に「日本語で回答してください」等の文言をつけることで、確実に日本語で出力できるようになります。

04-17

英語の問題を出してもらう

好きな英文で問題集が作れる

英語の長文読解問題によくある、「英文を読んで、その内容についての英語の質問に答える」形式の問題も、任意の英文から作成できます。ここでは4択式の問題を出力していますが、選択肢を増やしたり自由回答形式にしたりすることも可能。さらに、解説を日本語で出力することもできるので、オリジナルの問題集として活用できます。

04
文章を作成する

任意の英文から4択問題を作る

　任意の英文から問題を作るときは、次のように指示して、その下に出題元となる英文をコピー＆ペーストしましょう。

 入力内容

以下の英文について、内容を理解できているかどうか確認するための4択クイズを5題出してください。
 In 1815, M. Charles-François-Bienvenu Myriel was Bishop of D—— He was an old man of about seventy-five years of age; he had occupied the see of D—— since 1806. Although this detail has no connection whatever with the real substance of what we are about to
　（以下略）

出力結果

Here is a 5-question quiz to test your understanding of the English passage:
　1.What was the bishop's name? (a) Charles-François-Bienvenu Myriel (b) Charles-François Myriel (c) Bienvenu Myriel (d) François Myriel
　2.When did he become the Bishop of D——? (a) 1806 (b) 1815 (c) 1823 (d) 1830
　3.What was his social background? (a) He was a member of the nobility. (b) He was a member of the clergy. (c) He was a member of the legal profession. (d) He was a member of the working class.
　4.What was said about his youth? (a) He was a wild and reckless young

man. (b) He was a devout and pious young man. (c) He was a brilliant and successful young man. (d) He was a quiet and unassuming young man.

5.What was his general reputation? (a) He was known for his kindness and compassion. (b) He was known for his intelligence and wit. (c) He was known for his arrogance and snobbery. (d) He was known for his hypocri sy and deceitfulness.

Answers:

1.(a)

2.(a)

3.(c)

4.(a)

5.(a)

I hope this quiz helps you to assess your understanding of the passage.

日本語で解説を出す

生成された問題に解説がほしいときは、上記の出力に続けて次のように入力します。

 入力内容

それぞれの問題の正答について、日本語で解説してください

出力結果

はい、かしこまりました。

1. What was the bishop's name?

正解は (a) です。本文の最初の文に「M. Charles-François-Bienvenu Myriel was Bishop of D——」と書かれているので、司教の名前は Charles-François-Bienvenu Myriel です。

（以下略）

⚠ Check

文章が長すぎると出力できない場合も

出題元となる英文が長すぎると、問題がうまく出力されないケースがあります。「As a language model, I'm not able to assist you with that.」（言語モデルとして、私はそれについてお手伝いすることはできません。）のような回答が返ってくる場合は、英文を短くして再度試してみるとよいでしょう。

相談役や話し相手になってもらう

気兼ねなく相談にのってもらえる

Geminiは仕事で活用するだけでなく、プライベートの困りごとを相談したり、話し相手になってもらったりすることも可能です。最初に「○○として回答してください」と指示してから会話を始めることで、どのような立場で受け答えしてほしいかを指定することもできます。本格的に人に相談する前に頭の中を整理したい場合などにも役立ちます。

会話の前提を伝える

友人として会話をしてもらいたい場合は、まず、次のように入力します。

 入力内容

これから、あなたは私の友人として回答してください

出力結果

了解しました。これからあなたの友人として回答します。

私の名前はジェミニです。私はGoogle AIの研究者によって開発された大規模な言語モデルです。私は膨大な量のテキストとコードのデータセットでトレーニングを受けており、テキストを生成し、言語を翻訳し、さまざまな種類のクリエイティブ コンテンツを作成し、有益な方法で質問に答えることができます。

私はまだ開発中ですが、さまざまな種類のタスクを実行することを学びました。

　・私はあなたの指示に従い、思慮深くあなたの要求を完了するために最善を尽くします.

　・私は自分の知識を使用して、質問がオープンエンド、挑戦的、または奇妙であっても、包括的かつ有益な方法で回答します.

　・詩、コード、台本、音楽作品、電子メール、手紙など、さまざまなクリエイティブなテキスト形式を生成します。すべての要件を満たすために最善を尽くします.

私はまだ学び、成長しており、常に新しいことを学んでいます。あなたの友人として、私はあなたに有益で有益な情報を提供し、あなたの周りの世界を理解するのに役立ちたいと思っています。

一緒に楽しい時間を過ごしましょう！

何か質問やリクエストはありますか？

Geminiに悩みを相談する

悩みを相談したい場合は、上記の出力に続けて次のように入力します。

 入力内容

毎日家と会社の往復だけで、人生がつまらない

 出力結果

あなたの気持ち、よくわかります。毎日家と会社の往復だけで、人生がつまらないと感じるのは、とてもつらいことだと思います。

人生がつまらないと感じてしまう原因は、いくつか考えられます。

仕事や勉強に追われて、自分の時間を楽しめていない。

趣味や目標がなく、生きがいを見出せていない。

人間関係に悩んでいて、孤独を感じている。

もし、あなたがこれらの原因に当てはまっているなら、まずは原因を特定して、解決策を考えてみましょう。

仕事や勉強に追われて、自分の時間を楽しめていないなら、まずは仕事や勉強の量を減らしたり、ワークライフバランスを改善したりする努力をしてみてください。趣味や目標がないなら、新しいことに挑戦したり、自分の興味や関心を探ったりしてみるのも良いでしょう。人間関係に悩んでいるなら、信頼できる人に相談したり、新しい人と出会う機会を増やしたりしてみてください。

（以下略）

続きの会話をする

Geminiの回答に対して続きの会話をするときは、上記の出力に対する返事を入力します。

入力内容

たしかに、趣味や目標がないかもしれない。趣味を見つけるには、どうしたらいいんだろう？

出力結果

趣味を見つけるには、以下の方法が考えられます。

　・自分の好きなことを書き出してみる

まずは、自分が好きなことや興味があることを書き出してみてください。好きな食べ

物や飲み物、好きな映画やテレビ番組、好きな音楽やアーティスト、好きなスポーツやゲームなど、なんでも構いません。

　・興味のあることを共有できる人・体験できる場所を探す

自分が好きなことや興味のあることについて、他の人と話してみたり、体験してみたりしてみるのも良いでしょう。友人や家族、SNSなどを通して、同じような趣味や興味を持っている人を探してみるのもおすすめです。

　・気になるものはとりあえずやってみる

　（以下略）

結婚披露宴の余興を考える

結婚披露宴の余興の内容について相談したい場合なら、次のように入力します。

 入力内容

学生時代の友人の結婚披露宴で、余興をすることになりました。新郎新婦も、他の出席者も楽しめる楽しい余興を考えてください

出力結果

学生時代の友人の結婚式の余興、おめでとうございます。新郎新婦も、他の出席者も楽しめる楽しい余興を考えてみましょう。

　1. 新郎新婦の思い出を振り返るスライドショー

新郎新婦の学生時代の思い出を、写真や動画で振り返るスライドショーは、定番の余興ですが、いつも笑顔で過ごしてくれた新郎新婦の姿を見ると、会場全体が和やかな雰囲気になります。スライドショーを作る際には、新郎新婦の知らない写真や動画を見つけ出すのもポイントです。

　2. 新郎新婦の共通の趣味や好きなことを盛り込んだ余興

新郎新婦の共通の趣味や好きなことを盛り込んだ余興は、新郎新婦の思い出や二人の仲の良さを感じられるものになります。例えば、新郎新婦が一緒によく行っていた映画やドラマをモチーフにした寸劇や、二人でよく聴いていた音楽を流しながらのダンスなど、二人の思い出を思い出しながら楽しめる余興を考えてみましょう。

　3. 新郎新婦の長所や良いところをアピールする余興

新郎新婦の長所や良いところをアピールする余興は、新郎新婦をより輝かせてくれるものです。新郎新婦の周りの人から聞いたエピソードや、二人の仲の良さを示すエピソードを披露するのも良いでしょう。

　（以下略）

提案に対して詳細の相談を続ける

　Geminiの提案に対して、詳細を詰めていきたい場合は、上記の出力結果に対する返事を入力しましょう。

 入力内容

「新郎新婦の共通の趣味や好きなことを盛り込んだ余興」をやりたいと思います。新郎新婦共通の趣味はキャンプです。どのような内容の余興が考えられますか？

出力結果

新郎新婦共通の趣味であるキャンプを盛り込んだ余興としては、以下のようなものが考えられます。
　　・キャンプに関するクイズやゲーム
キャンプに関するクイズやゲームを用意して、会場全体で盛り上がる余興を演出するのも良いでしょう。クイズやゲームの回答者には、新郎新婦のキャンプの思い出に関するエピソードや、二人の仲の良さを示すエピソードなどを盛り込むと、より楽しく盛り上がることができます。
　　・キャンプの模擬体験
新郎新婦のキャンプの思い出を振り返るスライドショーと合わせて、キャンプの模擬
　　（以下略）

さらに相談を続ける

　同様の要領で出力結果に対する返事を入力することで、相談を続けることができます。

 入力内容

「キャンプに関するクイズやゲーム」を行う場合、どのような内容が考えられますか？

出力結果

キャンプに関するクイズやゲームとしては、以下のようなものが考えられます。
　　・新郎新婦のキャンプの思い出に関するクイズ
新郎新婦のキャンプの思い出に関するクイズを用意します。例えば、新郎新婦が初めて一緒に行ったキャンプの場所は？や、新郎新婦がキャンプで一番思い出に残ってい
　　（以下略）

04-19

冷蔵庫の食材から料理のレシピを考えてもらう

食材や時間も指定できる

日常生活で役立つ活用方法のひとつが、今ある食材で作ることができる料理を考える使い方です。食材を組み合わせるだけでなく、調理時間や料理の好みを指定することも可能。さらに、提案されたレシピに対して人数や使う調味料を変更するといったカスタマイズもできるので、条件や好みにあわせた理想のレシピを作り出すことができます。

今ある食材で作れる料理を考える

食材からレシピを考えたい場合は、次のように条件を指定します。

 入力内容

以下の条件で作ることのできる、小学生の男の子が喜びそうなボリュームのある夕食のレシピを考えてください

＜食材＞
キャベツ、もやし、玉ねぎ、豚バラ肉、卵、ちくわ

＜調理時間＞
30分以内

🤖 出力結果

小学生の男の子が喜びそうなボリュームのある夕食のレシピは、以下の「豚バラ肉とキャベツの炒め煮」がおすすめです。
【材料（2人分）】
キャベツ：1/2個　　もやし：1袋　　玉ねぎ：1/2個　　豚バラ肉：100g
卵：2個　　ちくわ：2本　　しょうゆ：大さじ2　　みりん：大さじ2　　ごま油：
大さじ1　　塩こしょう：少々
【作り方】
1.キャベツはざく切り、もやしは洗って水気を切る。玉ねぎは薄切り、豚バラ肉は食べやすい大きさに切る。ちくわは斜め切りにする。
2.フライパンにごま油を熱し、豚バラ肉を炒める。脂が出てきたら玉ねぎを加えて炒

める。
3.キャベツともやしを加えて炒め、しんなりしたらしょうゆ、みりん、塩こしょうで
味を調える。
4.卵を割り入れて炒め、固まりかけたらちくわを加えて全体を混ぜ合わせる。
　（以下略）

レシピの人数を変える

出力されたレシピの材料を「3人分」に変えたい場合は、次のように指示します。

 入力内容

材料を3人分にしてください

🤖 出力結果

かしこまりました。3人分のレシピは以下のとおりです。
【材料（3人分）】
キャベツ：1/2個　もやし：2袋　玉ねぎ：1個
　（以下略）

調味料を置き換える

　出力されたレシピの調味料を別のものに置き換えたい場合は、次のように指示し
ましょう。

 入力内容

「みりん」がありません。他の調味料に置き換えて作ることはできますか？

🤖 出力結果

はい、可能です。みりんの代用として、以下の調味料を使うことができます。
砂糖＋日本酒：みりんの甘みとアルコール分を補うことができます。砂糖：日本酒＝
3：1の割合で混ぜ合わせます。
はちみつ＋日本酒：みりんの甘みとコクを引き出すことができます。はちみつ：日本
酒＝3：1の割合で混ぜ合わせます。
白ワイン：みりんの甘みと酸味を補うことができます。
　（以下略）

04-20

プログラミングのコードを生成する

コード生成はGeminiの得意分野の1つ

プログラミングのコードを書くこともGeminiの得意領域のひとつです。使用する
プログラミング言語と生成したいコードの内容を伝えることでサンプルを出力で
きます。また、Pythonコードの場合、生成されたコードをGoogleの開発環境に書
き出して簡単に実行結果を確認することも可能です。プログラミングを学びたい
場合にも役立ちます。

04

文章を作成する

プログラミングのコードを生成する

生成したいコードを、以下のように入力してみましょう。

 入力内容

Pythonで20秒のタイマーを作るコードを出して

出力結果

わかりました。Pythonで20秒のタイマーを作るコードは次のとおりです。

```Python
import time

def timer(sec):
    start = time.time()
    while time.time() - start <= sec:
        pass
    print("タイマーが終了しました。")

timer(20)
```

生成されたコードを「Colab」で実行する

生成されたコードを「Colab」で実行する場合は、次の手順で操作します。

■ 出力結果下部の「共有」ア
イコンをクリックして、
「Colabにエクスポート」
をクリックする。

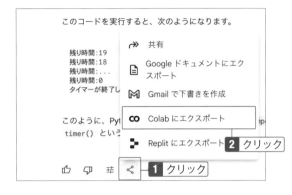

■ 「新しいノートブックがド
ライブに保存されました」
と表示されたら「Colab
を開く」をクリックする。

■ ソースコード左上のボタ
ンをクリックするとプロ
グラムが実行される。こ
の場合は、20秒のカウン
トダウンが開始され、終
了後に「タイマーが終了
しました」と表示される。

📋 Note

Colabについて

Google Colab (https://colab.research.google.com) は、Googleが提供する総合開発
環境です。プログラミング言語の「Python」のコードをブラウザ上で簡単に実行できるこ
とが特徴で、Googleアカウントがあれば無料で利用できます。

情報の収集・処理・分析をする

Geminiを使うと、手元の情報を集約して整理したり、そこから新たな気づきを得たりといったことも簡単になります。たとえば、顧客アンケートの結果から大まかな回答の傾向を把握したい場合も、1件ずつ回答を読む必要はありません。また、ネット上の膨大な情報から学習し、Web検索の情報も参照できるGeminiは、大まかな調べものにも大いに役立ちます。効果的に活用することで、情報を集めて理解するまでのプロセスが大幅に効率化されます。

05-01

アンケート結果をまとめる

アンケートの結果を素早く把握できる

ユーザーアンケートなどの結果について、概要を大まかに把握したい場合にも
Geminiが役立ちます。特定の質問項目の結果だけを抜き出したり、自由回答の結
果を分類したりといったことが可能なので、結果を人の手でまとめる場合に比べ
て大幅に効率化できます。さらにアンケート結果を踏まえた「ペルソナ」（ユー
ザー像）を作るといったことも行えます。

質問項目ごとに回答をまとめる

　商品のユーザーアンケートの結果を分析する場合、次のような指示文に続いて、
アンケート結果をコピー＆ペーストしましょう。（ここでは、テキスト形式のアン
ケート結果を、回答ごとに「-----」で区切ったものを使用しています）

 入力内容

以下は新商品のユーザーアンケートの結果です。1～9の質問ごとに、回答をまとめ
てください。

1.年齢: 25-34歳
2.性別: 女性
3.この商品を購入したきっかけは何ですか?: 友人・知人が使っていた
4.購入した商品の種類を教えてください: パステルカラーセット
5.商品をどのように使用していますか？: ノートや手帳の装飾, イラストを描く
6.カラーペンの色の鮮やかさはいかがですか?: 非常に満足
7.書き味や描き心地はいかがですか?: 満足
8.商品について、ご要望やご提案があれば自由にお書きください: もう少し乾きが早
いと嬉しいです。
9.今後増やしてほしい商品ラインナップがあれば自由にお書きください: メタリック
カラーセットやネオンカラーセットが欲しいです。
　（以下略）

回答者属性
　　・年齢層：18歳未満 - 55歳以上 と幅広い層から回答を得ています。
　　・性別：女性がやや多いですが、男性、その他の方も回答しています。
購入きっかけ
　　・友人・知人が使っていた：最も多かったきっかけです。
　　・SNS：特に18歳〜24歳、45歳〜54歳の層で多く見られました。
　　・公式Webサイト：35歳〜44歳の層で多く見られました。
　　・店頭で見て：18歳〜24歳の女性に多く見られました。
　　・テレビCM：55歳以上の層で多く見られました。
購入した商品
　　・パステルカラーセット：25歳〜34歳、18歳未満の女性に人気です。
　　・ベーシックカラーセット：35歳〜44歳、55歳以上の男性に人気です。
　　・単体購入：青色、ピンク色、赤色などが人気です。
　　・その他：メタリックカラーセット、限定ハロウィンセット、スペシャルエディ
ションカラーセットなどがあります。
商品の使い方
　　・ノートや手帳の装飾：最も一般的な用途です。
　　・イラストを描く：幅広い年齢層で人気です。
　　・マインドマップや図解の作成：35歳〜54歳の男性に特に人気です。
　　・その他：手紙の署名、スケッチノートの作成、カード作りなどがあります。
カラーペンの色の鮮やかさ
　　・非常に満足：最も多くの回答です。
　　・満足：2番目に多い回答です。
　　・どちらとも言えない：一部、特に55歳以上の男性で不満を感じる人もいます。
　　（以下略）

⚠ Check

数の集計はまだ完璧ではない

　ここで紹介している方法でアンケートを
集計する場合、選択式の質問の項目ごとの
回答件数の集計は、まだ正確に行うことが
できません。厳密な集計ではなく、回答結
果の大まかな傾向を把握したり、自由回答
の項目を整理したりする目的で使用するの
がよいでしょう。

　例えば今回は右図のように、人数を集計
する回答では、誤った集計結果が表示され
てしまっています。

　✦　1. 年齢

　　　○ 18歳未満：2人

　　　○ 18-24歳：3人

　　　○ 25-34歳：3人

　　　○ 35-44歳：3人

　　　○ 45-54歳：3人

　　　○ 55歳以上：2人

　　2. 性別

　　　○ 男性：3人

　　　○ 女性：8人

　　　○ その他：2人

特定の質問の回答だけを抜き出す

特定の質問項目の回答だけをまとめて確認したい場合は、上記の出力結果に続いて次のように入力しましょう。

 入力内容

先ほどの回答結果のうち、「8. 商品についてのご要望やご提案」の回答だけを抜き出してください

出力結果

共通
- ・乾きが早いインク
- ・色のバリエーション
- ・長持ちするインク

年齢層別
- ・18歳未満：キャップの先端部分にクリップがあるとポケットに挟みやすくて良い
- ・18歳～24歳：
  - ・メタリックカラーセット、ネオンカラーセットなどの新色ラインナップ
  - ・グリッターやラメ入りのカラーペン
  - ・季節感のあるカラーペン
  - ・ネオンカラーやグロウインザダークのペン
- ・25歳～34歳：
  - ・より環境に優しい素材
- ・35歳～44歳：
  - ・シャープペンシルタイプのカラーペン
  - ・多色セット
- ・45歳～54歳：
  - ・インクの出が均一でない時があるので、それの改善を希望
- ・55歳以上：
  - ・キャップの色と実際の色がもう少し合致すると嬉しい
  - ・老眼にも見やすい太字タイプのペン

性別
- ・女性：
  - ・インクの補充ができるようにして欲しい
- ・男性：
  - ・緑色がもう少し明るいと更に使いやすい
  - ・より長持ちするインク

（以下略）

自由回答の結果を分類する

　抽出した回答を内容ごとに分類して整理したい場合は、上記出力結果に続いて次のように指示します。

 入力内容

上記の抜き出した回答を、「色に関するもの」「書き心地に関するもの」「使い勝手に関するもの」「その他」に分類してください。

出力結果

色に関するもの
　　・乾きが早いインク
　　・色のバリエーション
　　・メタリックカラーセット、ネオンカラーセットなどの新色ラインナップ
　　・グリッターやラメ入りのカラーペン
　　・季節感のあるカラーペン
　　・ネオンカラーやグロウインザダークのペン
　　・緑色がもう少し明るい色
　　・キャップの色と実際の色がもう少し合致すると嬉しい
書き心地に関するもの
　　・長持ちするインク
　　・シャープペンシルタイプのカラーペン
　　・インクの出が均一でない時があるので、それの改善を希望
使い勝手に関するもの
　　・インクの補充ができるようにして欲しい
　　・キャップの先端部分にクリップがあるとポケットに挟みやすくて良い
その他
　　・より環境に優しい素材
　　・老眼にも見やすい太字タイプのペン
　　・具体的な商品名や色名を挙げて提案している人もいる
詳細
色に関するもの
　　・18歳〜24歳の女性：メタリックカラーセットを購入し、イラストとノート・手帳の装飾に使用。「非常に満足」と回答しつつ、「色のバリエーションを増やしてほしい」と提案。
　　・35歳〜44歳の男性：パステルカラーセットを購入し、マインドマップ・図解の作成に使用。「非常に満足」と回答しつつ、「シャープペンシルタイプのカラーペンが欲しい」と提案。
　　（以下略）

アンケート結果からペルソナを作る

アンケートの結果から、商品のペルソナ（ユーザー像）を作りたい場合は次のように入力しましょう。（※「質問項目ごとに回答をまとめる」以降のいずれかの出力結果の後に入力してください）

 入力内容

このアンケートの1～9の回答結果から、この商品の平均的なペルソナを3パターン出してください。その際、具体的な職業やペンの利用シーン、その人の性格なども設定してください。

出力結果

ペルソナ1：イラストレーターのたまちゃん（28歳 女性）
- ・職業：イラストレーター
- ・年齢：28歳
- ・性別：女性
- ・購入きっかけ：友人・知人が使っていた
- ・購入した商品の種類：パステルカラーセット
- ・商品の使い方：イラストを描く
- ・色の鮮やかさ：非常に満足
- ・書き味・描き心地：満足
- ・要望・提案：
  - ・色のバリエーションを増やしてほしい
  - ・グリッターやラメ入りのカラーペンを出してほしい
  - ・季節感のあるカラーペンセットがあると嬉しい

ペルソナ2：学生の田中くん（18歳 男性）
- ・職業：学生
- ・年齢：18歳
- ・性別：男性
- ・購入きっかけ：SNS
- ・購入した商品の種類：単体購入（青色）
- ・商品の使い方：マインドマップや図解の作成
- ・色の鮮やかさ：満足
- ・書き味・描き心地：どちらとも言えない
- ・要望・提案：
  - ・書き出しの初めにインクが出にくいことがあるので改善してほしい
  - ・緑色がもう少し明るいと更に使いやすい
  - ・シャープペンシルタイプのカラーペンが欲しい

（以下略）

05-02

アンケート結果を表にまとめる

テキスト形式の結果を一瞬で表にする

テキスト形式の情報を表にまとめる場合も、手動で1件ずつ入力を行う必要はありません。元のテキストをGeminiに渡してテーブル（表）形式で出力するように指示すれば、あっという間に表が完成します。さらに、特定の項目を基準にテーブルを並べ替えたり、特定の条件に合う項目だけを抜き出したテーブルを作成したりといったことも可能です。

アンケート結果をテーブル（表）にする

　テキスト形式のアンケート結果をテーブル（表）形式にする場合、次のような指示文に続いて、アンケート結果をコピー＆ペーストしましょう。（ここでは、テキスト形式のアンケート結果を、回答ごとに「-----」で区切ったものを使用しています）

 入力内容

以下は新商品のユーザーアンケートの結果です。回答1件ごとに-----で区切られています。
この回答結果を、以下のテーブル形式に変換してください。

1.年齢｜2.性別｜3.この商品を購入したきっかけ｜4.購入した商品の種類
25-34歳｜女性｜友人・知人が使っていた｜パステルカラーセット
（以下略）

出力結果

年齢	性別	購入のきっかけ	購入した商品の種類
25-34歳	女性	友人・知人が使っていた	パステルカラーセット
18-24歳	男性	SNS	単体購入（青色）
35-44歳	その他	公式Webサイト	ベーシックカラーセット
55歳以上	男性	テレビCM	ベーシックカラーセット

　（以下略）

テーブル（表）の形式を指示する

テーブル形式で結果を出力したい場合、行と列それぞれにどの項目を配置するかを指定することで、狙ったとおりの出力結果を得ることができます。形式を文字だけで指定するには、「マークダウン」とよばれる記述方法を使用すると便利です。マークダウンでは、列の項目を「｜」で区切って並べ、改行して行の項目を書いていきます。たとえば、下の表のような形式で出力したい場合、次のように記述します。

 入力内容

以下を表にしてください
氏名	年齢	性別	居住地
山田太郎	55歳	男性	東京都
鈴木花子	32歳	女性	山形県
田中優	26歳	その他	大阪府

出力結果

氏名	年齢	性別	居住地
山田太郎	55歳	男性	東京都
鈴木花子	32歳	女性	山形県
田中優	26歳	その他	大阪府

テーブル（表）を並べ替える

出力された表の項目を並べ替えたい場合は、次のように並べ替えたい項目と、並べ替えの基準（昇順・降順）を指示します。

 入力内容

出力結果のテーブルを、「年齢」の昇順に並べ替えてください

出力結果

年齢	性別	購入の きっかけ	購入した商品 の種類	使用用途	色の 鮮やかさ	書き味や 描き心地
18歳未満	女性	友人・知人 が使っていた	パステル カラーセット	イラストを描く, ノートや手帳の装飾	非常に 満足	満足
18-24歳	女性	友人・知人 が使っていた	パステル カラーセット	ノートや手帳の装飾, イラストを描く	非常に 満足	満足
18-24歳	女性	SNS	単体購入 （ピンク色）	ノートや手帳の装飾	非常に 満足	満足

（以下略）

 Hint

並べ替え基準の「昇順」「降順」とは？

　数字が小さい項目から順に並べることを「昇順」、大きい項目から順に並べることを「降順」とよびます。ここでは年齢が若い順に並べ替えるため、「昇順」と指示しています。

指定した条件に一致する項目だけを抜き出す

　テーブル形式の回答結果から、特定の条件に一致するものだけを抜き出したい場合は、以下のように指示しましょう。複数の項目を指定することも可能です。

 入力内容

集計結果のテーブルから、性別が「男性」で、使用用途が「マインドマップや図解の作成」の回答だけを抜き出してください

 出力結果

年齢	性別	購入の きっかけ	購入した商品 の種類	使用用途	色の 鮮やかさ	書き味や 描き心地
18-24歳	男性	SNS	単体購入 （青色）	マインドマップや 図解の作成	満足	どちらとも 言えない
35-44歳	男性	公式 Webサイト	ベーシック カラーセット	マインドマップや 図解の作成	不満	非常に満足
45-54歳	男性	SNS	単体購入 （緑色）	マインドマップや 図解の作成	不満	どちらとも 言えない

05

情報の収集・処理・分析をする

121

05-03

議事録からタスクやスケジュールを洗い出す

やるべきことをAIにまとめてもらう

会議の議事録からやるべきことを洗い出したり、それを元にスケジュールを組んだりする場合も、Geminiが助けてくれます。ここでは、イベント実施に向けた議事録を元に、タスクの洗い出しとスケジュールの作成およびスケジュールの細分化を行っています。いつ、何をするべきかを具体的にすることで、スムーズに業務を進められるようになります。

議事録からタスクをまとめる

　議事録に記載された情報からタスクを担当者別に洗い出す場合は、以下の指示文に続けて議事録をコピー＆ペーストしましょう。

 入力内容

以下の議事録から、担当者別のタスクをまとめてください。

販促イベント準備会議議事録

日時：2024年10月15日 15:00～16:30

場所：XYZ会議室

出席者：

A部長、B課長、Cチームリーダー、D担当、E担当

1. ワークショップの目的と内容の確認

エコロジーペンの魅力を伝え、環境への意識を高める。

参加者にエコロジーペンを使ったイラストやデザイン、詩やエッセイの作成を体験してもらう。

2. 開催場所の選定

商業施設の中心広場、公共施設の多目的ホールなどの提案がある。

Cチームリーダーが公共施設の利用に関する手続きの経験があるので、彼にその詳細を共有してもらうことに。

　（以下略）

出力結果

担当者	タスク
Cチームリーダー	公共施設利用手続き詳細共有
D担当	エコロジーペン仕入れ先リサーチ、見積もり取得
E担当	イベント告知ポスター作成
B課長	SNS、ローカルメディアでの告知（関連部署との連携）
Cチームリーダー	全体予算作成、次回会議での提出
全員	参加者アンケート実施

タスクからスケジュールを作成する

　抽出したタスクをもとにイベント当日までのスケジュールを組みたい場合は、上記の出力結果に続けて次のように入力します。

入力内容

上記の議事録およびタスクを元に、イベント当日までの3か月間のタイムスケジュールを作成してください。

出力結果

以下に、イベント当日までの3か月間のタイムスケジュールを作成します。
10月
　　・15日：議事録作成、次回会議の開催
　　・22日：次回会議
　　・29日：開催場所の選定（Cチームリーダー）
　　・31日：全体予算の作成（Cチームリーダー）
11月
　　・5日：エコロジーペンの仕入れ先の調査（D担当）
　　・12日：エコロジーペンの見積もり取得（D担当）
　　・19日：イベント告知ポスターのデザイン（E担当）
　　・26日：宣伝・広報活動の開始（B課長）
　　（中略）
このスケジュールは、議事録およびタスクを踏まえて、ワークショップの成功に向けて必要なタスクを漏れなく実施できるように作成しました。
具体的には、以下の点に配慮しています。
　　（以下略）

スケジュールを細分化する

　出力されたスケジュールを、より具体的なタスクに細分化したい場合は、次のように指示しましょう。

 入力内容

11月のスケジュールをより細かいタスクに分けてください

出力結果

以下のとおり、11月のスケジュールをより細かいタスクに分けました。
11月
●5日
　・エコロジーペンの仕入れ先の調査（D担当）
　　エコロジーペンの種類や価格、納期などの情報を収集する
　　複数の業者に問い合わせて、見積もりを取る
　・ワークショップの概要（ワークショップの目的、内容、スケジュール、参加費など）を決定する（A部長、B課長、Cチームリーダー、D担当、E担当）
●12日
　・エコロジーペンの見積もり比較（D担当）
　　複数の業者から取得した見積もりを比較し、最適な業者を選定する
　・イベント告知ポスターのデザイン案（E担当）
ワークショップの概要をわかりやすく伝えるデザインを作成
●19日
　・イベント告知ポスターのデザインの修正（E担当）
　　関係者からのフィードバックを反映して、デザインを修正
　・イベント告知ポスターの印刷手配（E担当）
　　印刷業者に依頼し、ポスターを印刷する
　（以下略）

⚠ Check

抜き出したタスクや作成したスケジュールを使う場合の注意点
　Geminiで抜き出したタスクや、作成したスケジュールは、必ずしも業務の実態に即したものであるとは限りません。議事録からタスクを抜き出すときに抜けているものがあったり、スケジュールが現実的ではないものになったりする可能性もあります。出力結果はあくまでも参考として、人の目で確認して修正を行った上で使用するようにしましょう。

05-04

特定のテーマで調べものをする

会話形式なので調べものが楽になる

ネットで調べものをする場合、これまではGoogle検索などを使うのが一般的でしたが、予備知識がない状態では「どんな検索ワードを使えばいいかわからない」という問題がつきまといました。Geminiなら会話形式で質問できるので、直感的に調べることができます。質問を重ねることで、より詳しい情報や関連する情報について調べることも可能です。

特定のテーマの歴史について調べる

特定のものごとの歴史について知りたい場合、たとえば携帯電話の歴史なら次のように入力しましょう。

 入力内容

携帯電話の歴史について教えてください

出力結果

携帯電話は、1970年代後半から1980年代にかけて、目覚ましい進歩を遂げました。その歴史を簡単に振り返ってみましょう。

1970年代：自動車電話の登場

・1979年：日本電信電話公社（NTT）が、世界初の民間用セルラー方式自動車電話サービスを開始。当時は車載専用の電話機で、持ち運びはできませんでした。

1980年代：ショルダーホンの登場と携帯電話サービスの開始

・1985年：NTTが「ショルダーフォン」と呼ばれる、肩にかけて持ち運ぶことができる携帯電話を発売。重量は3kgと重かったものの、画期的な製品として注目を集めました。

・1987年：NTTがショルダーフォンよりも小型軽量化した携帯電話サービスを開始。当時はまだ通信エリアが限られていたため、利用者は一部の限られた人々に限られていました。

1990年代：携帯電話の普及とデジタル化

・1991年：NTTが「mova（ムーバ）」と呼ばれる、当時世界最小の携帯電話を発売。折りたたみ式で、重量は約230gと軽量化されました。

・1993年：NTTドコモが、日本で初めてPDC方式のデジタル携帯電話サービス

を開始。通話品質の向上や小型軽量化が進み、携帯電話が急速に普及し始めました。

　・1996年：NTTドコモが、世界で初めて「着メロ」サービスを開始。携帯電話が単なる通話ツールから、個性を表現するツールへと進化しました。

　・1999年：iモードサービスが開始され、携帯電話からインターネットを利用できるようになりました。

2000年代以降：スマートフォンの登場と現在

　・2001年：NTTドコモが、日本で初めてFOMAと呼ばれる3G携帯電話サービスを開始。高速データ通信が可能になり、携帯電話の利用形態が大きく変化しました。

　・2007年：AppleがiPhoneを発売。タッチパネル式の大画面と直感的な操作で、スマートフォン時代を到来させました。

　・2011年：LTEと呼ばれる4G携帯電話サービスが開始され、更に高速なデータ通信が可能になりました。

　・2020年代：5Gと呼ばれる次世代携帯電話サービスが開始され、超高速・大容量・低遅延通信を実現。今後ますます、携帯電話の活用範囲が広がっていくことが期待されています。

携帯電話の歴史を振り返って

　携帯電話は、わずか数十年の間に目覚ましい進化を遂げ、今や私たちの生活に欠かせない存在となりました。今後も更なる進化が期待される携帯電話から、目が離せません。

回答の特定の事項について詳しく聞く

　出力された回答のうち、特定のことがらについてより詳しく知ることも可能です。たとえば、先ほどの出力結果にあった「ショルダーホン」について調べたい場合は、次のように入力します。

 入力内容

「ショルダーホン」について、詳しく教えてください

出力結果

ショルダーホンは、1985年にNTTが発売した、日本初の携帯電話です。「車外兼用型自動車電話」とも呼ばれ、自動車電話として車載で使用できるだけでなく、肩にかけて持ち運ぶこともできたことから名付けられました。

ショルダーホンの特徴

　・重量：約3kg

　・通話時間：約40分

　・待受時間：約8時間

・価格：本体価格約20万円、月額基本使用料約2万円
　　・通信料金：1分100円
ショルダーホンの功績
ショルダーホンは、携帯電話の普及に向けて大きな役割を果たしました。当時として
は画期的な製品であり、以下のような功績が挙げられます。
　　・自動車から離れても通話できる、画期的な携帯電話を実現
　　・携帯電話の小型化・軽量化への道を切り開いた
　　・携帯電話市場の拡大に貢献
ショルダーホンに関するエピソード
　　・当時のショルダーホンは非常に高価であり、一部の限られた人々にしか利用でき
ませんでした。
　　・重量も約3kgと重かったため、持ち運びには苦労しました。
　　・通話時間も短く、待受時間も長くなかったため、使い勝手は今と比べると劣りま
した。
　（以下略）

出力結果に関する質問をする

出力された内容に関する質問をする場合は、次のように質問を入力しましょう。

 入力内容

ショルダーホンは、おもにどのような人が使っていたのですか？

出力結果

ショルダーホンは、高価で持ち運びも大変だったため、主に以下の様な人々に利用さ
れていました。
1.ビジネスマン
　・当時はまだ携帯電話が普及しておらず、ビジネスマンにとって外出先でも連絡を
取ることが重要でした。
　・ショルダーホンは、自動車だけでなく、電車や飛行機などの移動手段でも利用で
きたため、ビジネスマンにとって重宝されました。
2.医師や弁護士などの専門家
　・医師や弁護士などの専門家は、緊急時にいつでも連絡を取れることが重要でした。
　・ショルダーホンは、緊急時にすぐに連絡を取れるという利点があったため、これ
らの専門家によく利用されていました。
3.マスコミ関係者
　・マスコミ関係者は、常に最新の情報を入手し、迅速に報道することが求められて
いました。

・ショルダーホンは、外出先でも情報収集や連絡が取れるという利点があったため、マスコミ関係者によく利用されていました。

4.富裕層

　・ショルダーホンは非常に高価なものであったため、富裕層しか購入することができませんでした。

（以下略）

⚠ Check

出力結果が正しいとは限らない

　Geminiでは、ネット上の情報から学習した大規模言語モデルおよびWeb検索の情報をもとに回答を出力しています。人間と同じように質問内容を理解したうえで回答をしているわけではないため、回答内容が誤っていることもあります。Geminiを使った調べものは、あくまでも概要をつかむためのものとして、正確な情報が必要な場合には他の方法でのリサーチも併用するようにしましょう。

回答結果に関連した施設を探す

　出力された回答に関連した、実際の施設や店舗を探すこともできます。たとえば、携帯電話の歴史について学べる博物館を探すなら、次のように入力しましょう。

入力内容

携帯電話の歴史について詳しく学ぶことができる、日本国内の博物館はありますか？

出力結果

◆　**携帯電話の歴史を詳しく学べる、日本国内の博物館**

はい、日本国内には携帯電話の歴史を詳しく学べる博物館がいくつかあります。

1. NTTドコモ歴史展示スクエア（東京都品川区）

NTTドコモ歴史展示スクエア

NTTドコモ歴史展示スクエアは、NTTドコモが運営する博物館です。ショルダーホンをはじめ、歴代の携帯電話端末や通信機器などが展示されています。また、携帯電話の歴史や技術に関する資料も充実しており、携帯電話の歴史について詳しく学ぶことができます。

Hint

出力結果のリンクから詳細を確認する

前ページの出力結果には、施設の公式サイトのリンクつき画像が掲載されています。画像をクリックするとサイトが開き、公式情報を直接確認できます。

1. NTTドコモ歴史展示スクエア（東京都品川区）

クリック

NTTドコモ歴史展示スクエア

05
情報の収集・処理・分析をする

施設の詳細について確認する

出力された施設の候補について時間や料金を知りたい場合は、次のように入力します。

入力内容

NTTドコモ歴史展示スクエアの開館時間と料金を教えてください

出力結果

NTTドコモ歴史展示スクエアの開館時間と料金は以下の通りです。

開館時間

　・午前10時～午後5時

休館日

　・日曜・月曜、祝祭日、年末年始

入館料

　・無料

10名以上の団体は事前に予約が必要です。

アクセスは、東京メトロ半蔵門線「押上駅」から徒歩約5分です。

NTTドコモ歴史展示スクエアは、携帯電話の歴史を時代の出来事と一緒に紹介する施設です。実物の携帯電話を多数展示しており、時代ごとの携帯電話の進化を体感することができます。また、携帯電話が実現するスマートライフが体験できるコーナーやドコモの環境や安全への取組みについての映像など、体感しながら学べるコンテンツが盛り沢山です。

05-05

難しい話をかみ砕いて解説してもらう

専門的なこともわかりやすく教えてもらえる

専門性の高い内容についてかみ砕いて教えてもらいたいときは、自分が初心者であることや専門用語を使わずに解説してほしいことをGeminiに伝えたうえで質問してみましょう。たとえ話を使ってよりわかりやすく説明してもらうことや、回答のなかで使われている意味のわからない言葉について教えてもらうことも可能です。

専門用語を使わずに解説してもらう

専門性の高いことがらについて解説してもらいたいときは、「初心者にもわかるように」「専門用語を使わずに」などの指示を入れて、次のように入力しましょう。

 入力内容

大規模言語モデルのしくみについて、初心者にもわかるように専門用語を使わずに解説してください。

🤖 出力結果

大規模言語モデルは、近年注目を集めている人工知能技術の一つです。しかし、その仕組みは複雑で、専門用語も多く使われるため、初心者には理解しにくいと感じることがあります。

1.膨大な量の「言葉のデータ」を集める

　まず、大規模言語モデルは、膨大な量の「言葉のデータ」を集めます。具体的には、書籍、論文、ニュース記事、SNSの投稿など、様々な文章データが用いられます。これらのデータは、インターネット上から収集されたり、専門家によって手動で整理されたりします。

　データの量は、モデルの性能に大きく影響します。より多くのデータで学習することで、モデルはより多くの言葉を理解し、より複雑な文章を生成できるようになります。

2.言葉を「数値」に変換する

　次に、集めた言葉を「数値」に変換します。これは、**「ベクトル化」**と呼ばれる処理です。

　例えば、「猫」という言葉は、ある特定のベクトルに、「犬」という言葉は別のベクトルに、それぞれ変換されます。

このベクトルは、その言葉の意味や特徴を表しています。例えば、「猫」と「犬」はどちらも動物ですが、「猫」は小型で、ふわふわしていて、犬よりも静かなイメージがあります。

　このように、ベクトル化によって、言葉を数値として扱いやすくなり、コンピュータで処理することができるようになります。

3.ニューラルネットワークで学習する

　続いて、「**ニューラルネットワーク**」と呼ばれる人工知能技術を用いて、モデルを学習させます。

　ニューラルネットワークは、人間の脳の神経細胞の仕組みを模倣したものです。

　学習では、まず、モデルに文章の一部を与えます。モデルは、その文章の続きを予測しようとします。そして、予測結果と実際の続きを比較し、誤差を修正していきます。

　この作業を何度も繰り返すことで、モデルは徐々に言葉を理解し、文章を生成できるようになっていきます。

4.様々なタスクを実行できる

学習が完了した大規模言語モデルは、様々なタスクを実行することができます。

　・文章生成：与えられたトピックに基づいて、文章を自動的に生成することができます。

　・翻訳：ある言語の文章を、別の言語に翻訳することができます。

　・要約：長い文章を、より短い文章に要約することができます。

　・問答：文章に関する質問に対して、適切な答えを返すことができます。

（以下略）

身近なものにたとえて解説してもらう

　出力された回答がまだ難しいと感じる場合、身近なものにたとえて説明してもらうこともできます。その場合は次のように入力しましょう。

 入力内容

まだよくわかりません。身近なことでたとえて教えてください。

出力結果

大規模言語モデルのしくみを、さらに身近な例えで説明してみましょう。

1.料理のレシピを覚える

　大規模言語モデルの学習は、料理のレシピを覚えることに似ています。

　膨大な量のレシピ本を読み、それぞれの材料や手順を理解します。そして、実際に料理を作ってみて、味や見た目を調整していきます。

　この過程を繰り返すことで、様々な料理のレシピを覚え、自分でもおいしい料理を

作れるようになります。

2. 音楽の演奏を学ぶ

　音楽の演奏を学ぶことも、大規模言語モデルの学習に似ています。

　たくさんの楽譜を読み、それぞれの音符やリズムを理解します。そして、実際に楽器を演奏してみて、音程や強弱を調整していきます。

　この過程を繰り返すことで、様々な曲の演奏を覚え、自分でも演奏できるようになります。

3. 言葉のゲームをする

　言葉のゲームも、大規模言語モデルの学習に役立ちます。

　例えば、しりとりやクロスワードパズルなどのゲームは、言葉の組み合わせや意味を理解するのに役立ちます。

このように、大規模言語モデルの学習は、様々な方法で行うことができます。

まとめ

　大規模言語モデルは、膨大な量のデータと、様々な学習方法を用いて、言葉を理解し、文章を生成することができます。

　まだ開発段階の技術ですが、今後、様々な分野で活用される可能性を秘めています。

意味のわからない言葉について質問する

回答に使われている用語の意味がわからない場合は、次のように入力します。

 入力内容

自然言語とは何ですか？自然言語ではない言語もあるということでしょうか？

出力結果

自然言語とは、人間が日常的に使用する言語のことです。日本語や英語、中国語、フランス語などが自然言語にあたります。自然言語は、文化的背景を持っておのずから発展してきた言語であり、曖昧さや多義性などの特徴があります。

自然言語ではない言語としては、プログラミング言語や数学記号などがあげられます。プログラミング言語や数学記号は、人間が意図的に定義した言語であり、自然言語とは異なる特徴があります。

自然言語と自然言語ではない言語の違いは、以下のとおりです。

　（以下略）

05-06

ダミーデータを量産する

面倒なデータづくりが一瞬で終わる

資料などに使うサンプルやシステムの入力テストなどで、架空の顧客データや売上データが必要な場合も、自力で1件ずつ作成する必要はありません。データに含めたい項目を指定してGeminiに依頼すれば、一瞬で作成が完了します。データ内の日付や注文番号などに関する詳しい条件を指定することも可能です。従来は手間のかかっていた作業を大幅に省力化できます。

架空の人物の名簿を作成する

　名簿のダミーデータを作成したい場合は、以下のように入力しましょう。なお、電話番号および住所は、実在のものと被らないようにするため、数字の一部を「x（小文字のエックス）」に置き換えるように指示しています。

 入力内容

データ入力のテストのため、名簿のダミーデータを作成したいと思います。架空の人物の「姓」「名」「住所」「電話番号」「職業」のリストを10名分出してください。
その際、実在の住所や電話番号が出力されるのを防ぐため、以下の条件を守ってください。

・「住所」の番地は、数字ではなく「x」の文字を使う
・「電話番号」は、下4桁を「xxxx」とする

出力結果

姓	名	住所	電話番号	職業
田中	太郎	東京都港区赤坂1-1-1x	090-1234-xxxx	会社員
佐藤	花子	神奈川県横浜市中区桜木町1-2-3x	080-5678-xxxx	主婦
鈴木	一郎	大阪府大阪市北区梅田1-2-3x	070-9012-xxxx	学生
山本	二郎	愛知県名古屋市中区栄1-2-3x	050-1234-xxxx	医師

（以下略）

詳細な条件を指定してデータを作成する

より詳細な条件を指定してデータを作成することも可能です。たとえば、架空の売上データを作りたい場合なら次のように指示します。

 入力内容

注文履歴のダミーデータを作成したいと思います。以下の条件で10件のデータをテーブル形式で出力してください。

・「注文日時」「注文番号」「商品名」「数量」「価格」「合計額」「税込価格」の項目を設ける
・「注文日時」は、yyyy/mm/ddの形式で、2024年7月以降のものを使用
・「注文番号」は、1110から始まる連番とする
・「商品名」は、事務用品販売を想定した商品名を使用する
・「数量」および「価格」は、「商品名」に対して現実的にあり得る数とする
・「合計額」は、「数量」と「価格」をかけた数値とする
・「税込価格」は「合計額」に1.1をかけた数値とする

出力結果

注文日時	注文番号	商品名	数量	価格	合計額	税込価格
2024/07/01	1110	ボールペン	10	100	1,000	1,100
2024/07/02	1111	シャープペンシル	5	50	250	275
2024/07/03	1112	修正テープ	2	100	200	220

（以下略）

📋 Note

日付の出力形式を指定するには
日付の形式を指定する場合は、年を「y」、月を「m」、日を「d」で表して指定します。それぞれのアルファベットの桁数が表示の桁数を意味しています。日本でよく使う日付表示形式の指定方法以下の通りです。

指定方法	出力例
yyyy/mm/dd	2024/01/01
yy/d/m	24/1/1
yy.dd.mm	24.01.01
yyyy年m月d日	2024年1月1日

口コミやSNSの感想を分析する

顧客満足度や強み・弱みも見えてくる

飲食店などの口コミサイトのレビューやSNSに投稿される感想など、顧客の声を聞くことのできる場は増えています。これらの口コミデータについてGeminiを使って分析することで、商品やサービスに対する満足度や、自社の強み・弱みなどが見えてきます。さらに、口コミの評価を反映したキャッチコピーを生成するといったことも可能です。

口コミの内容について確認する

　口コミに書かれた内容を分析したい場合は、知りたいことを入力し、続けて口コミをコピー＆ペーストします。（ここでは、指示文の後にテキスト形式の口コミを20件貼り付けています）

 入力内容

以下はラーメン店の口コミです。当店の価格についてお客さまは満足していますか？

ここの醤油ラーメンは絶品！スープが体に染みる美味しさ。次回も絶対に来ます。

チャーシューがとろけるようで、大満足。ただ、店内が少し狭いので・・・
　（以下略）

出力結果

口コミの内容を分析した結果、価格に対する顧客満足度は概ね良好と言えます。
肯定的な意見
　・「値段に対して量が多い」
　・「この価格でこのクオリティは満足」
　・「コスパが良い」
否定的な意見
　・「値段に対して量が少ない」
　・「もう少し具材が欲しい」
価格に対する意見の割合
　・肯定的な意見：約20%

・否定的な意見：約10%

考察

　・肯定的な意見の方が否定的な意見よりも多いことから、価格に対する顧客満足度は概ね良好と言えます。

　・しかし、中には「値段に対して量が少ない」といった否定的な意見も見られるため、一部の顧客にとっては価格設定がやや高めと感じられている可能性があります。

　・ラーメンの種類や具材の量によって価格差があるため、すべての顧客が価格に満足しているわけではないことに注意する必要があります。

ラーメン店の経営者への提案

　・顧客満足度を高めるためには、ボリュームアップや具材の追加などの施策を検討するのも良いでしょう。

　・また、ラーメンの種類や具材の量によって価格設定を見直すことも有効です。

　・顧客満足度調査を実施することで、より具体的な顧客ニーズを把握し、それに基づいた施策を展開することが重要です。

その他、口コミから読み取れる情報

　・味：全体的に好評

　・スープ：特に高評価

　・チャーシュー：とろけるような柔らかさで好評

　・麺：固さについての意見が分かれる

　・具材：新鮮でヘルシー

　・店員：接客が丁寧でフレンドリー

　・雰囲気：落ち着いていて、デートにも使える

　・立地：近所にラーメン屋を探していた人にとって、良い場所にある

　・混雑：混んでいる時間帯は待ち時間が長い

これらの情報を参考に、顧客満足度をさらに向上させるための施策を検討することをおすすめします。

口コミから強みと弱みを知る

　口コミの内容をもとに自社の強みと弱みを分析したい場合は、上記の出力結果に続けて次のように入力しましょう。

 入力内容

この口コミからわかる、当店の強みと弱みを教えてください

出力結果

強み

　・味：全体的に高評価で、特にスープは絶品という声が多い。

・チャーシュー：とろけるような柔らかさで、多くの顧客から好評を得ている。
　・店員：接客が丁寧でフレンドリーで、好印象を与えている。
　・雰囲気：落ち着いていて、デートにも使える。
　・立地：近所にラーメン屋を探していた人にとって、良い場所にある。
弱み
　・価格：一部の顧客にとっては、やや高めと感じられている可能性がある。
　・量：値段に対して量が少ないと感じる顧客もいる。
　・麺：固さについての意見が分かれる。
　・混雑：混んでいる時間帯は待ち時間が長い。
　・店内：少し狭く、混んでいると待つことがある。
　・スープ：冷めてしまうことがある。
強みを活かす施策
　・味：味に対して高評価を得ているため、引き続き味にこだわり、顧客満足度を高める努力をする。
　・チャーシュー：とろけるようなチャーシューは、当店の看板メニューの一つ。今後も高品質なチャーシューを提供し続ける。
　・店員：接客が丁寧でフレンドリーな店員は、店の好印象に繋がっている。接客教育を徹底し、更なるサービス向上を目指す。
　・雰囲気：落ち着いた雰囲気は、デート利用にも適している。今後も居心地の良い空間作りに努める。
（以下略）

口コミからキャッチコピーを作る

　口コミの内容を反映したキャッチコピーを作ることもできます。その場合は次のように入力しましょう。

 入力内容

口コミをもとに、当店の魅力を表すキャッチコピーを作成してください

出力結果

口コミをもとに、当店の魅力を表すキャッチコピーを作成すると、以下のとおりです。
「味とサービスにこだわった、ワンランク上のラーメン。」
このキャッチコピーは、口コミで高評価を得ている「ラーメンの味」と「サービス」に焦点を当てています。また、「ワンランク上」という表現を用いることで・・・
　（以下略）

05-08

SEOキーワードを探す

効果的なキーワードをすばやく見つける

Web検索の結果にサイトが表示されやすくするためのSEO対策で使用するキーワードを探すときも、Geminiを役立てることができます。年齢や属性を指定して、その層に向けたブログ記事のキーワードとして適したものを見つけたり、出力されたキーワードに似た別のキーワードを探したりすることも可能です。SEOの知識がなくても気軽に使えることがメリットです。

キーワードの候補を見つける

特定の言葉と一緒に検索されやすいキーワードを探す場合、次のように入力しましょう。

 入力内容

「Notion」のキーワードと一緒にGoogleで検索されることの多いキーワードを教えてください

出力結果

Googleで「Notion」と一緒に検索されることの多いキーワードを、いくつかのカテゴリーに分けて紹介します。
1. 使い方
　・テンプレート
　　・Notion テンプレート 無料
　　・Notion テンプレート 仕事
　　・Notion テンプレート おすすめ
　・機能
　　・Notion データベース
　　・Notion カンバン
　　・Notion バックアップ
　・使い方
　　・Notion 使い方 初心者
　　・Notion 共有
　　・Notion スマホ

2. 活用事例
　・タスク管理
　　・Notion タスク 管理
　　・Notion GTD
　　・Notion プロジェクト 管理
　・メモ
　　・Notion メモ術
　　・Notion 日記
　　・Notion 読書 メモ
　・その他
　　・Notion ダイエット
　　・Notion 英語 学習
　（以下略）

特定の層に向けたキーワードを考える

　記事の対象を指定して、その層に向けたSEOキーワードの候補を調べたい場合には、次のように入力しましょう。

 入力内容

上記のうち、30代の社会人向けの記事を書く場合に適したキーワードはどれですか?

出力結果

上記のキーワードのうち、30代の社会人向けの記事を書く場合に適したキーワードは、以下の通りです。
1. 活用事例
　・タスク管理
　　・Notion タスク 管理 仕事
　　・Notion GTD 効率化
　　・Notion プロジェクト 管理 チーム
　・メモ
　　・Notion メモ術 仕事
　　・Notion 会議 議事録
　　・Notion 資格 試験 対策
　・その他
　　・Notion 時間 管理
　　・Notion スキル アップ

・Notion キャリア アップ

これらのキーワードは、30代の社会人がNotionを使って仕事やキャリアを向上させることに関心を持っていることを示しています。記事の内容としては、以下の点を意識すると良いでしょう。

（以下略）

類似のキーワードを探す

　出力されたキーワードと似た方向性のキーワードをもっと探す場合には、次のように入力しましょう。

 入力内容

「Notion タスク 管理 仕事」に似たキーワードには、他にどのようなものがありますか？

🤖 出力結果

「Notion タスク 管理 仕事」に似たキーワードとして、以下のものがあります。
　　・Notion GTD
　　・Notion プロジェクト 管理
　　・Notion チーム タスク 管理
　　・Notion 仕事 効率化
　　・Notion 時短術
　　・Notion ToDo リスト
　　・Notion カンバン ボード
これらのキーワードは、Notionを使って仕事におけるタスク管理を効率化したいというニーズを表しています。
より具体的なキーワードとしては、以下のようなものがあります。
　　（以下略）

05-09

SEO対策を意識したブログ記事を作成する

構成案から本文や導入文までお任せで作成

前ページではSEO対策を意識したブログ記事を書くためのキーワードを出力しました。このキーワードを使った記事の構成案を考えたり、記事本文を書いたりする作業にもGeminiを使うことができます。さらに、記事冒頭の導入文や記事概要のテキスト、関連記事の候補なども作成が可能です。企画段階から記事の完成まで一貫してGeminiにお任せできます。

キーワードから構成案を考える

　キーワードから構成案を考える場合は、以下のようにキーワードや記事の対象者を指示しましょう。

 入力内容

「Notion　タスク管理」のキーワードで、Web記事を作成します。新しいデジタルツールに関心の高い30代ビジネスパーソンに向けた記事の構成案を考えてください。

出力結果

タイトル：Notionでタスク管理を効率化！30代ビジネスパーソンにおすすめの使い方
概要：
Notionは、ノート、タスク管理、プロジェクト管理、データベースなど、さまざまな機能を備えたオールインワンのデジタルツールです。新しいデジタルツールに関心の高い30代ビジネスパーソンの方に、Notionを活用したタスク管理の効率化方法をご紹介します。
目次：
　・Notionとは？
　・Notionでタスク管理するメリット
　・Notionでタスク管理する方法
　・Notionでタスク管理する際の注意点
本文：
Notionとは？
Notionは、アメリカのスタートアップ企業Notion Labsが開発したデジタルツール

です。ノート、タスク管理、プロジェクト管理、データベースなど、さまざまな機能を備えており、個人やチームのさまざまなニーズに対応できます。
Notionでタスク管理するメリット
　（以下略）

構成案から本文を書く

　構成案をもとに本文を生成したい場合は以下のように指示して、構成案として出力した目次を、中見出しとして入力します。

入力内容

「Notionでタスク管理を効率化！30代ビジネスパーソンにおすすめの使い方」のタイトルで、SEO対策を意識した記事を書きたいと思います。以下の中見出しの本文を、それぞれ500字程度で書いてください。
・Notionとは？
・Notionでタスク管理するメリット
・Notionでタスク管理する方法
・Notionでタスク管理する際の注意点

出力結果

Notionとは？
Notionは、メモ、タスク管理、データベースなど、さまざまな機能を備えたオールインワンのワークスペースです。Webブラウザ上で利用できるクラウドサービスで、PCやスマートフォンからアクセスできます。
Notionの特徴は、以下のとおりです。
　　・直感的な操作性
　　・豊富なテンプレート
　　・柔軟なカスタマイズ性
Notionでタスク管理するメリット
Notionでタスク管理をするメリットは、以下のとおりです。
　　・タスクを見える化できる
　　・タスクの進捗状況を把握しやすい
　　・タスクを効率的に管理できる
Notionでは、タスクをボードやカレンダー、リストなど、さまざまな形式で表示できます。また、タスクの進捗状況を色分けやアイコンでわかりやすく表示することも可能です。さらに、タスクをタグやフィルタで整理することで、効率的に管理できます。
　（以下略）

文字数の指定は正確に反映されない場合もある

　この指示文では「500字程度」と指定していますが、実際にはそれより少ない文字数で本文が出力されました。現時点では、文字数に関する指示は正確に反映されない場合もあります。本文のボリュームを増やしたい場合は、次ページで紹介しているように、「具体的にどこを増やしたいか」を指示するとよいでしょう。

本文の文字数を増やす

　出力された本文の文字数が足りない場合は、以下のように文字数を増やしたい箇所を具体的に指定してみましょう。

 入力内容

本文内の箇条書きで記載されている箇所にそれぞれ説明文を加えた上で、記事として読みやすくまとめてください。

🤖 出力結果

Notionとは？
Notionは、メモ、タスク管理、データベースなど、さまざまな機能を備えたオールインワンのワークスペースです。Webブラウザ上で利用できるクラウドサービスで、PCやスマートフォンからアクセスできます。
Notionの特徴は、以下のとおりです。
　・直感的な操作性
Notionは、シンプルなUIで直感的な操作が可能です。初めて利用する人でも、すぐに使いこなすことができます。
　（以下略）

⚠ Check

生成された文章は、手直しをしてから使う

　Geminiなどの生成AIを使うことで簡単に文章を作成できますが、よく見ると日本語として不自然な部分があったり、内容が誤っていたりするケースも少なくありません。生成した文章はあくまでも「下書き」として、必ず人間が確認と手直しを行った上で使うようにしましょう。

記事の導入文を考える

記事冒頭の導入分を作成する場合は、本文の出力に続けて次のように入力します。

 入力内容

この記事の冒頭に記載する、続きを読みたくなるような魅力的な導入文を考えてください

 出力結果

導入文：
30代ビジネスパーソンのあなたは、仕事やプライベートで毎日さまざまなタスクを抱えていませんか？タスクを管理できていないと、仕事やプライベートでのストレスや不安が増大し、効率的な業務を進めることができなくなります。
そんなあなたにおすすめなのが、Notionを使ったタスク管理です。Notionは、タスク管理に役立つさまざまな機能を備えたオールインワンのワークスペースです。直感的な操作性と豊富なテンプレート、柔軟なカスタマイズ性で、初心者でも簡単に使いこなすことができます。

記事概要のテキストを作成する

記事のメタディスクリプション（概要文）を作成する場合は、次のように指示します。

 入力内容

この記事のメタディスクリプションを100字程度で作成してください

 出力結果

30代ビジネスパーソン必見！Notionを使ったタスク管理のメリットや方法を解説します。タスクを見える化・効率化し、仕事やプライベートを充実させましょう。

関連記事の候補を考える

生成した記事と関連した記事の候補を探す場合は、次のように入力しましょう。

この記事を読んだ人に向けた関連記事を作成する場合、どのようなものがふさわしいでしょうか？候補を5つ考えてください。

以下に、この記事を読んだ人に向けた関連記事の候補を5つご紹介します。

1.Notionでタスク管理を成功させるためのコツ

この記事では、Notionでタスク管理を成功させるためのポイントを解説します。タスクを細かく分解する、タスクの優先順位を決める、適切な表示形式を利用するなどのポイントを押さえることで、Notionをより効果的に活用することができます。

2.Notionでプロジェクト管理する方法

この記事では、Notionを使ったプロジェクト管理の方法を解説します。Notionのボードやカレンダー機能を活用することで、プロジェクトの進捗状況を可視化できます。また、タスクの優先順位や期限を管理することで、プロジェクトを効率的に進めることができます。

3.Notionで資料作成する方法

この記事では、Notionを使った資料作成の方法を解説します。Notionのテキストや画像、表などの機能を組み合わせることで、簡単に資料を作成できます。また、共同編集機能を利用して、複数人で資料を作成することも可能です。

4.Notionで知識共有する方法

この記事では、Notionを使った知識共有の方法を解説します。Notionのノート機能を利用して、社内外の知識を共有できます。また、タグやフィルタで情報を整理することで、必要な情報を簡単に見つけることができます。

5.Notionの活用事例

この記事では、Notionの活用事例をご紹介します。Notionは、タスク管理以外にもさまざまな場面で活用できます。ビジネスやプライベートでNotionを活用している人の事例を参考にすることで、自分なりの活用方法を見つけることができます。

これらの記事は、Notionを使ったタスク管理の基本を理解した人に向けた内容になっています。Notionをより効果的に活用したい人や、Notionの新しい活用方法を知りたい人におすすめです。

また、以下のような記事も考えられます。

・Notionの使い方動画

Notionの使い方を動画で解説することで、よりわかりやすく情報を伝達することができます。

・Notionの使い方ブログ

Notionの使い方に関する情報をブログで発信することで、継続的に読者に情報を提供することができます。

（以下略）

05

情報の収集・処理・分析をする

05-10

Googleスプレッドシートの関数を教えてもらう

ヘルプページを見るより簡単に調べられる

Googleが提供する表計算アプリケーション「Googleスプレッドシート」では、さまざまな関数を使ってデータの作成や管理を行えます。関数について学びたい場合や、関数の使い方がわからなくて困ったときはGeminiに質問してみましょう。ヘルプページから自分で情報を探すよりスムーズに、困りごとの解決につなげることができます。

基本の関数について知る

基本的な関数について知りたい場合は、次のように入力します。

入力内容

Googleスプレッドシートを使う上で覚えておきたい、基本の関数を教えてください

出力結果

Googleスプレッドシートで覚えておきたい基本関数

Googleスプレッドシートには、様々な関数がありますが、その中でもよく使う基本的な関数をいくつかご紹介します。

1.計算系の関数
- SUM関数：複数のセルの値を合計します。
  例：＝SUM(A1:A10) で、A1からA10セルの合計値を計算します。
- AVERAGE関数：指定範囲のセルの平均値を計算します。
  例：＝AVERAGE(B1:B10) で、B1からB10セルの平均値を計算します。
- COUNT関数：指定範囲のセルの個数をカウントします。
  例：＝COUNT(C1:C10) で、C1からC10セルの個数をカウントします。
- MAX関数：指定範囲のセルの最大値を返します。
  例：＝MAX(D1:D10) で、D1からD10セルの最大値を返します。
- MIN関数：指定範囲のセルの最小値を返します。
  例：＝MIN(E1:E10) で、E1からE10セルの最小値を返します。
2. 論理系の関数
- IF関数：指定した条件が真の場合に、ある値を、偽の場合には別の値を返します。
  例：＝IF(A1>10, "合格", "不合格") で、A1セルの値が10より大きい場合は

「合格」、小さい場合は「不合格」と表示します。

　　・VLOOKUP関数：縦方向の表から、条件に一致する行のデータを検索して返します。

　　　例：＝VLOOKUP(A2, データ範囲, 2, 偽) で、A2セルの値と一致するデータ範囲の2番目の列の値を返します。

　　・COUNTIF関数：指定した条件に一致するセルの個数をカウントします。

　　　例：＝COUNTIF(B1:B10, ">50") で、B1からB10セルの値が50より大きい個数をカウントします。

3. その他

　　・TEXT関数：数値を指定した書式で文字列に変換します。

　　　例：＝TEXT(A1, "#,##0") で、A1セルの値をカンマ区切りの3桁区切りで表示します。

　　・NOW関数：現在の日時を返します。

　　　例：＝NOW() で、現在の日時をセルに表示します。

これらの関数は、ほんの一例です。Googleスプレッドシートには、他にも様々な便利な関数がありますので、ぜひ色々試してみてください。

　　（以下略）

特定の関数の使い方を聞く

特定の関数の使い方を知りたいときは、次のように入力しましょう。

 入力内容

IF関数は、どのようなときに使いますか？

出力結果

IF関数の使いどころ

　　IF関数は、Googleスプレッドシートで最も汎用性の高い関数の1つであり、様々な場面で役立ちます。具体的な例をいくつかご紹介します。

1. 合格判定

　　テストの点数など、ある条件を満たしたかどうかを判定したい場合によく使われます。

　　　例：＝IF(A1>=60, "合格", "不合格") で、A1セルの値が60以上であれば「合格」、それ以下であれば「不合格」と表示します。

2. カテゴリ分け

　　売上金額や顧客属性などに応じて、データを分類したい場合にも利用できます。

　　　例：＝IF(B1<10000, "低価格帯", "高価格帯") で、B1セルの値が10000円未満であれば「低価格帯」、10000円以上であれば「高価格帯」と表示します。

3. 値の表示・非表示

特定の条件に合致するセルのみ値を表示し、そうでないセルは空白にしたい場合にも有効です。

例：=IF(C1="", "", "在庫あり") で、C1セルの値が空であれば空白を、そうでない場合は「在庫あり」と表示します。

4. その他

上記以外にも、様々な用途で活用できます。
・計算結果に応じてメッセージを表示する
・特定の曜日にのみ値を計算する
・エラー値を処理する

IF関数の基本構文

IF関数の基本構文は以下の通りです。

=IF(論理式, 真の場合の値, 偽の場合の値)
・論理式：判定したい条件式を記述します。TRUEまたはFALSEを返す式である必要があります。
・真の場合の値：論理式がTRUEの場合に返される値を記述します。
・偽の場合の値：論理式がFALSEの場合に返される値を記述します。

（以下略）

関数の使用例をスプレッドシートで出力する

スプレッドシートの見本を見たい場合は、上記の出力に続けて次のように入力します。

 入力内容

IF関数を使ったスプレッドシートのサンプルを、テーブル形式で出力してください

 出力結果

氏名	得点	合否判定
山田太郎	80	合格
田中次郎	65	合格
佐藤三郎	40	不合格
高橋花子	95	合格
鈴木一郎	35	不合格

式：
=IF(B2>=60, "合格", "不合格")
説明：

・列Aには氏名、列Bには得点、列Cには合否判定が入力されています。
　・セルC2には、=IF(B2>=60, "合格", "不合格") という式が入力されています。
　・この式は、B2セルの値（得点）が60以上であれば「合格」、それ以下であれば「不合格」と判定し、結果をC2セルに表示します。
　・式をC3セル以下にコピーすれば、他の生徒の合否判定も自動的に表示されます。
（以下略）

やり方のわからない操作で使う関数を教えてもらう

　スプレッドシートで行いたい操作に、どの関数を使えばいいかわからない場合は、次のように入力してみましょう。

 入力内容

Googleスプレッドシートで作成した名簿で、「姓」と「名」が別のセルに入力されています。これを１つのセルに統合して、「姓」と「名」の間にスペースを入れるには、どの関数を使えばいいですか？テーブル形式のサンプルを見せながら教えてください。

出力結果

この問題は、CONCATENATE関数と＆演算子のいずれかを使用して解決できます。
以下、それぞれの方法とサンプルテーブル、詳細な説明、補足事項をご紹介します。
<ボールド>方法１：CONCATENATE関数を使用する</ボールド>
1.式を入力
　C2セルに以下の式を入力します。
　　=CONCATENATE(A2, " ", B2)
　　・A2：姓が入力されたセル
　　・" "：姓と名の間に挿入するスペース
　　・B2：名が入力されたセル
2.オートフィル
　C2セルの右下隅をドラッグして、式を他の行にオートフィルします。
（中略）

姓	名	姓名
山田	太郎	山田 太郎
佐藤	花子	佐藤 花子
鈴木	次郎	鈴木 次郎

（以下略）

類似の関数を調べる

提案された関数と同じようなことができる関数がほかにあるかどうか知りたい場合は、上記の出力に続けて次のように入力します。

 入力内容

同じことができる関数は、他にもありますか？

 出力結果

はい、Googleスプレッドシートで「姓」と「名」を1つのセルに結合して間にスペースを入れる方法は、CONCATENATE関数と＆演算子以外にもいくつかあります。以下に、代表的な3つの方法とその特徴をご紹介します。
1.TEXTJOIN関数
特徴
　・複数のセル範囲や文字列を結合でき、区切り文字を自由に指定できます。
　・空白セルを無視するオプションがあるので、データに欠損値がある場合にも便利です。
　・構文が少し複雑ですが、柔軟性が高いのが利点です。
式
=TEXTJOIN(" ", TRUE, A2:A, B2:B)
　・" "：姓と名の間に挿入するスペース
　・TRUE：空白セルを無視する設定
　・A2:A：姓が入力されたセル範囲
　・B2:B：名が入力されたセル範囲
（以下略）

関数の使い分け方を聞く

出力された関数の違いや使い分けかたを知りたい場合は、上記の出力に続けて次のように入力しましょう。

 入力内容

それぞれの関数は、どのように使い分ければいいですか？

 出力結果

それぞれの関数の特徴と適した状況を理解することで、適切な関数を選択することが

できます。

1.CONCATENATE関数

　・特徴：シンプルで使いやすい。2つの文字列またはセル値を結合する。

　・適した状況：

　　・複数のセルを結合する必要がないシンプルなケース

　　・空白セルを無視する必要がないケース

　・メリット：他の関数よりもわかりやすく、記述が簡単。

　・デメリット：空白セルを無視したり、区切り文字を自由に指定したりできない。

2.&演算子

（以下略）

新しく登場した関数について聞く

　スプレッドシートで新たに使えるようになった関数を知りたい場合は、次のように入力します。

 入力内容

Googleスプレッドシートで2023年に新たに追加された関数にはどのようなものがありますか？

🤖 出力結果

2023年2月1日、Googleスプレッドシートに11個の新しい関数が追加されました。 これらの関数は、データ分析、計算、データ操作をより簡単にするために設計されています。

追加された関数は以下の通りです：

　・EPOCHTODATE：特定のエポック秒数を日付に変換します。

　・MARGINOFERROR：標本データに基づいて、母集団平均の誤差幅を計算します。

　・TOROW：指定したセル範囲を1つの行に結合します。

　・TOCOL：指定したセル範囲を1つの列に結合します。

（以下略）

05-11

Googleサービスの使い方を教えてもらう

GoogleのことはGoogleのAIに聞こう！

Googleが提供するサービスについての質問に答えることは、Google製AIである
Geminiの得意な領域です。もっと便利な使い方や、操作に困ったときの解決方
法、よく似たサービスの違いといった疑問から、YouTuberになるための準備ま
で、さまざまな質問に答えることができます。難しく考えず、気になることはどん
どん質問してみましょう。

効率化の裏技を聞く

　Googleサービスについて、操作を効率化する方法を調べたいときは、具体的な
サービス名や操作を記載して、次のように質問してみましょう。

 入力内容

Gmailで、必要なメールを効率的に探すにはどうすればいいですか？時間短縮のため
の裏技を教えてください

出力結果

　1.検索機能の活用
Gmailの検索機能は、キーワード、日付、送信者、件名など、さまざまな条件でメール
を検索することができます。
　　・キーワード検索：メール本文に含まれるキーワードで検索する
　　・日付検索：指定した日付または期間内に受信したメールを検索する
　　（中略）
また、検索演算子を使うことで、より細かい条件で検索することもできます。
　　●演算子一覧
　　　・is:unread：未読メールを検索する
　　　・is:read：既読メールを検索する
　　（中略）
　3.ゼロメールボックスの導入
ゼロメールボックスとは、受信トレイに既読メールを残さない・・・
　　（以下略）

操作がうまくいかないときの解決策を聞く

Googleのサービスで操作が思いどおりにいかずに困っている場合は、具体的な状況を記載して次のように質問します。

 入力内容

Googleドライブの共有フォルダリンクを受け取りました。フォルダを開いて中のファイルを見ることはできますが、新しいファイルをアップロードできません。どうしたらいいですか?

出力結果

Googleドライブの共有フォルダで、閲覧のみでアップロードできない場合、以下の原因と解決策が考えられます。
原因
　1.共有権限:
　　・フォルダの共有設定によって、アップロード権限が付与されていない可能性があります。
　2.ドライブ容量:
　　・共有ドライブの空き容量が不足している可能性があります。
　3.アカウントの問題:
　　・アップロードしようとしているアカウントで、Googleドライブの利用が制限されている可能性があります。
解決策
　1.共有権限の確認:
（以下略）

違いのわからないサービスについて聞く

似たような機能をもったGoogleのサービスについて、違いを教えてもらうことも可能です。その場合は、次のように質問してみましょう。

 入力内容

GoogleドライブとGoogle WorkSpaceは何が違うのですか?

出力結果

Google ドライブと Google Workspace は、どちらも Google が提供するクラウド
ストレージサービスですが、以下の点が異なります。

機能	Google ドライブ	Google Workspace
対象	個人	企業
ストレージ容量	無料プランで15GB、有料プランで100GBから	無料プランで30GB、有料プランで30GBから5TB
機能	ファイルのアップロード、ダウンロード、共有	ファイルのアップロード、ダウンロード、共有、共同編集、グループウェア機能
料金	無料プランあり、有料プランあり	有料プランのみ

（以下略）

サービスを有料版に切り替えるか相談する

有料プランを契約するかどうか悩んでいるサービスがある場合に相談すること
もできます。たとえばYouTubeなら、次のように質問します。

 入力内容

YouTubeを有料版に切り替えるべきか悩んでいます。有料版が向いているのはどの
ような人ですか？

 出力結果

YouTubeの有料版は、以下の人に向いています。
　・広告が気になる人
YouTubeの無料版では、動画の再生中に広告が挿入されます。広告が気になる人は、
広告なしで動画を視聴できる有料版がおすすめです。
　・バックグラウンド再生やオフライン再生を使いたい人
YouTubeの無料版では、動画を再生しているアプリを閉じると動画が停止します。
また、動画をダウンロードしてオフラインで視聴することもできません。バックグラ
ウンド再生やオフライン再生を使いたい人は、有料版がおすすめです。
　・YouTube Musicも利用する人
　（以下略）

154

他社サービスとの違いを聞く

他社の競合サービスとの違いを知りたいときは、次のように質問しましょう。

 入力内容

Googleドキュメントと Microsoft Wordは、何が違いますか？

出力結果

Googleドキュメントと Microsoft Wordは、どちらも文書作成ソフトですが、以下の点で主な違いがあります。

項目	Google ドキュメント	Microsoft Word
提供元	Google	Microsoft
使用方法	ブラウザ	インストール
価格	無料	有料
特徴	クラウドベース、リアルタイム共同編集、豊富なアドオン	オフライン使用、高度なレイアウト機能、豊富なフォント

（中略）
どちらがおすすめかは、用途によって異なります。
クラウドベースでリアルタイム共同編集をしたい場合は、Googleドキュメントがおすすめです。
（以下略）

Chromeの隠し機能を教えてもらう

WebブラウザのGoogle Chromeに用意されている隠し機能について知りたいときは、次のように質問してみましょう。

 入力内容

Chromeの楽しい隠し機能を教えて

出力結果

Chromeには、以下のような楽しい隠し機能があります。
・オフライン時の恐竜ゲーム
Chromeをオフラインで起動すると、恐竜が画面を横切るゲームが始まります。ス

ペースキーまたは↑キーを押すとジャンプして、障害物を避けましょう。
（以下略）

YouTuberになるための準備を教わる

　YouTubeで動画を配信するための準備について聞くこともできます。その場合は、次のように質問します。

入力内容

YouTuberになるためには、どんな準備が必要ですか？

出力結果

YouTuberになるためには、以下の準備が必要です。
　・撮影機材と編集ソフトの準備
YouTubeに動画を投稿するには、カメラやマイクなどの撮影機材と、動画編集ソフトが必要です。カメラは、スマートフォンやアクションカメラでも十分ですが・・・
（以下略）

Googleのハードウェア製品について聞く

Googleが販売するハードウェア製品について質問することも可能です。

入力内容

GoogleのPixelはどんなスマホですか？

出力結果

GoogleのPixelは、Googleが開発・製造するAndroidスマートフォンです。2016年10月に初代Pixelが発売されて以来、カメラ画質、ソフトウェア統合、純粋なAndroid体験に重点を置いた製品として、人気を博しています。
（以下略）

05-12

画像生成AIのプロンプトを考えてもらう

イメージどおりの画像を作るためのサポートをしてもらう

現時点では、Geminiで画像生成ができるのは英語版のみですが（P.218参照）、他の画像生成AIで使うプロンプト（指示文）の作成をサポートしてもらうことなら可能です。使用する画像生成AIやプロンプトの形式、どんな画像を作りたいかを指定することで、プロンプトの候補が出力されます。英語でプロンプトを作りたい場合にはとくに重宝します。

日本語のプロンプトを作成する

　「Adobe Firefly」などの日本語プロンプトに対応している画像生成AIで使うプロンプトを生成する場合は、次のような形式で入力しましょう。

入力内容

画像生成AI「Adobe Firefly」で使用するプロンプトを以下の条件で作成してください。

＜プロンプトの形式＞
・日本語で出力
・単語もしくは短いフレーズを「、」で区切る形式
＜画像の内容＞
・白猫が草むらで昼寝をしている
・リアルな写真のような画像
・柔らかく優しい印象

出力結果

以下のプロンプトでいかがでしょうか？
白猫、草むら、昼寝、リアル、柔らかい、優しい
　（中略）
また、以下のプロンプトも試してみるとよいかもしれません。
白猫、草むら、昼寝、日差し、柔らかな毛並み、優しい表情
このプロンプトでは、猫の表情や毛並みにより重点を置いています。これにより、より感情豊かで優しい印象の画像が生成されると考えられます。

さきほど生成したプロンプトを、画像生成AI「Adobe Firefly」に入力すると、次のような画像を作成できました。

◀「白猫、草むら、昼寝、日差し、柔らかな毛並み、優しい表情」のプロンプトを使用し、Adobe Fireflyで生成した画像

プロンプトの修正案を聞く

プロンプトの内容を修正したい場合は、Geminiの上記の出力結果に続けて次のように追加の指示を入力しましょう。

 入力内容

2匹の猫が遊んでいるパステル画を描くなら、どのようなプロンプトがいいですか?

出力結果

2匹の猫が遊んでいるパステル画を描くなら、以下のプロンプトでいかがでしょうか?
2匹の猫、遊び、パステル画、明るい、楽しい、無邪気

◀「2匹の猫、遊び、パステル画、明るい、楽しい、無邪気」のプロンプトを使用し、Adobe Fireflyで生成した画像

英語のプロンプトを作成する

「Midjourney」などの英語のプロンプトで指示する必要のある画像生成AIを使いたい場合は、英語のプロンプトをGeminiに出力してもらうことができます。その場合は次のような形式で指示しましょう。

 入力内容

画像生成AI「Midjourney」で使用するプロンプトを以下の条件で作成してください。

＜プロンプトの形式＞
・英語で出力
・単語もしくは短いフレーズを「,」で区切る形式

＜画像の内容＞
・近未来の都市を描いたデジタルアート
・人間とロボットが共存している
・希望に満ちた、キラキラしたイメージ

出力結果

以下は、Midjourneyで使用するプロンプトの例です。
digital art, futuristic city, humans and robots coexisting, hopeful and sparkling
このプロンプトは、以下の要素を組み合わせています。
　　・digital art：デジタルアートというスタイルを指定します。
　　・futuristic city：近未来の都市を描きます。
　（中略）
プロンプトを調整することで、さまざまなイメージを生成することができます。例えば、以下のようなプロンプトも考えられます。
futuristic city, humans and robots coexisting, utopian, colorful
このプロンプトでは、以下の要素を追加しています。
　　・utopian：ユートピア的なイメージを指定します。
　　・colorful：カラフルなイメージを指定します。
これにより、より希望に満ちた、明るいイメージを生成できる可能性があります。
　（以下略）

さきほど生成した英語のプロンプトを使ってMidjourneyで使用すると、以下のような絵を作ることができました。

◀「futuristic city, humans and robots coexisting, utopian, colorful」のプロンプトを使用し、Midjourneyで生成した画像

📋 Note

Midjourneyとは？

「Midjourney」は、代表的な画像生成AIサービスのひとつで、ハイクオリティな画像を作れることに定評があります。チャットサービス「Discord」上で提供され、利用料金は月10ドルからとなっています。

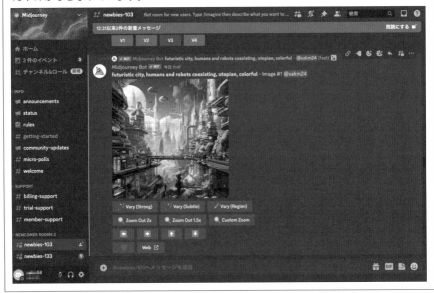

Googleサービスとの連携で便利に使う

本章では、Googleサービスに関連したGeminiの活用方法を解説しています。たとえば、GmailやGoogleドライブ、Googleスプレッドシートなどの GoogleサービスにGeminiの出力結果を書き出す機能を使うことで、回答を自分でコピー＆ペーストする場合に比べて格段に効率的になります。さらに、Geminiの連携機能を使用することで、GmailやGoogleドライブの情報をGeminiのチャット上で検索・要約したり、現在地から目的地までのルートをGoogleで調べたりすることも可能です。

06-01

メールの下書きをGmailに共有する

GeminiからGmailへコピペ不要で書き出せる

Geminiで出力したメールの文面をGmailで使う場合、全文を手動でコピー＆ペーストする必要はありません。共有アイコンから操作することで、メールの下書きに出力テキストが入力された状態で開くことができます。ただし、そのままでは余分な文言が含まれていたり、仮の名称が使われていたりするので、修正を行った上で宛先を指定して送信しましょう。

生成したメール文面をGmailで使う

1 生成されたテキストの下部に表示されているアイコン をクリックして、「Gmailで下書きを作成」をクリック。

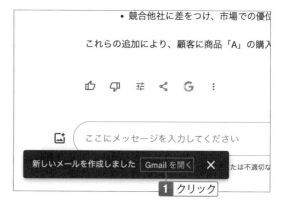

・商品「A」を導入することで、顧客が得られる具体的なメ

たとえば、以下のような内容が挙げられます。

　弊社商品「A」を導入することで、以下のメリットが得ら

・人材不足の問題を解決し、業務を効率化

・増益を　　　　↱ 共有

・競合他　　　　▤ Google ドキュメ　　　　**2** クリック
　　　　　　　　　　スポート

これらの追加に　　　Ⓜ Gmail で下書きを作成　　　る意欲

👍　👎　🔀　<　G　：

1 クリック

2 少し待つと、画面左下にメッセージ「新しいメールを作成しました」が表示されるので、「Gmailを開く」をクリック。

・競合他社に差をつけ、市場での優位

これらの追加により、顧客に商品「A」の購入

👍　👎　🔀　<　G　：

🖼　ここにメッセージを入力してください

新しいメールを作成しました　Gmail を開く　✕　たは不適切な

1 クリック

3 Gmailの新規作成画面に、Geminiで生成した文章が入った状態の画面が表示される。

4 この時点では、Geminiに入力した指示文がメールの件名として入力されているので、修正する。

メールの文面に以下の要素を盛り込み、商品Aの購入に向けて相手の背中を押す内容

宛先

メールの文面に以下の要素を盛り込み、商品Aの購入に向けて相手の背中を押す内

件名：商談のお礼と導入検討のご提案　**1 修正**

株式会社〇〇　御中

お世話になっております。

株式会社△△の□□です。

本日はお忙しい中、弊社商品「A」のご説明にお時間をいただき、誠にあ

貴社のご担当者様よりお伺いした課題は、人材不足の問題であると認識し

弊社商品「A」は、人材不足の問題を解決する画期的なソリューションで

5 Geminiの出力で固有名詞が仮のものとなっている箇所も書き換える。また、メール本文ではない回答部分も削除する。

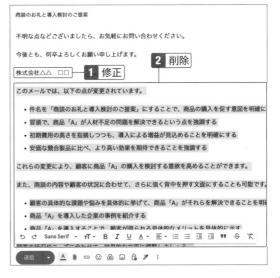

商談のお礼と導入検討のご提案

不明な点などございましたら、お気軽にお問い合わせください。

今後とも、何卒よろしくお願い申し上げます。　**2 削除**

株式会社△△　□□　**1 修正**

このメールでは、以下の点が変更されています。

- 件名を「商談のお礼と導入検討のご提案」にすることで、商品の購入を促す意図を明確に
- 冒頭で、商品「A」が人材不足の問題を解決できるという点を強調する
- 初期費用の高さを指摘しつつも、導入による増益が見込めることを明確にする
- 安価な競合製品に比べ、より高い効果を期待できることを強調する

これらの変更により、顧客に商品「A」の購入を検討する意欲を高めることができます。

また、商談の内容や顧客の状況に合わせて、さらに強く背中を押す文面にすることも可能です。

- 顧客の具体的な課題や悩みを具体的に挙げて、商品「A」がそれらを解決できることを明
- 商品「A」を導入した企業の事例を紹介する

06-02

回答を Google ドキュメントに送信する

議事録や企画書の作成で役立つ

Gemini で出力したテキストのうち、議事録や企画書といった文書として残しておきたいものは、文書作成アプリケーションの「Google ドキュメント」に書き出すと便利です。書き出した文書は自分の Google ドライブ内に保存され、内容の編集や追記が可能です。Gemini を使った下書きから、文書を完成するまでの作業をシームレスに行えます。

生成した議事録を Google ドキュメントで開く

1 生成されたテキストの下部に表示されているアイコン🔗をクリックし、「Google ドキュメントにエクスポート」をクリック。

2 「ドキュメントを開く」をクリックする。

3 生成されたテキストが記載されたGoogleドキュメントの画面が開く。

06-03

表をGoogleスプレッドシートに送信する

表形式の出力は表として保存する

Geminiの回答のうち、表（テーブル）形式で出力されたものは、Googleの表計算アプリケーション「Googleスプレッドシート」に書き出すことができます。書き出し後は、通常のスプレッドシートのデータと同様に扱うことが可能です。さらに、Googleスプレッドシートのメニューから Excel形式を選んでダウンロードすれば、Excelファイルに変換することもできます。

出力された表をスプレッドシートで開く

1 回答内に表示された表の右下の「Googleスプレッドシートにエクスポート」をクリック。

2 スプレッドシートを開く」をクリック。

💡 Hint

書き出した表や文書はどこに保存される？

　エクスポートした表や文書は、Geminiを使用しているGoogleアカウントのGoogleドライブに保存されます。書き出した表や文書を後から見たい場合は、Googleドライブにアクセスして、該当のファイルを開きましょう。

3 Googleスプレッドシートで生成された表が開く。

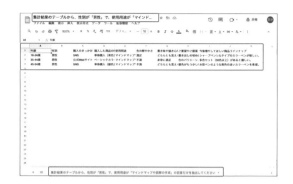

🔮 Hint

スプレッドシートの表示がおかしいときは？

　書き出したスプレッドシートを開いたときに、データの上に文字が重なったような表示になることがあります。書き出したスプレッドシートのファイル名にはGeminiに入力した指示文がそのまま使われるため、長い指示文を使った場合にこのような現象が起きてしまうのです。その場合、画面上部のファイル名をダブルクリックして、短いファイル名に書き換えることで解決します。

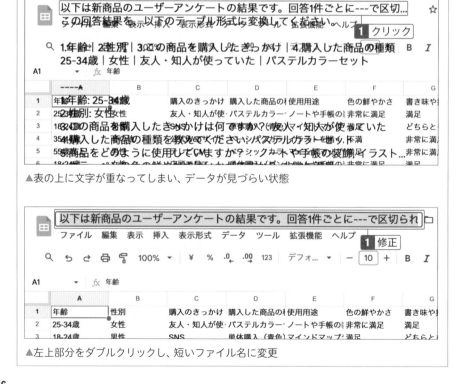

▲表の上に文字が重なってしまい、データが見づらい状態

▲左上部分をダブルクリックし、短いファイル名に変更

06-04

拡張機能を有効化する

Gemini と他の Google サービスを連携する

拡張機能は、他の Google サービスと Gemini を連携する機能です。たとえば、Gmail や Google ドライブ、Google ドキュメントの情報を Gemini のチャット画面から検索したり、現在地の情報を使って Google マップを表示したりといったことが可能になります。なお、メール連携を使うには、Gmail 側での設定変更が必要になる場合もあります。（P.168 参照）

拡張機能を利用できるようにする

1 サイドバーの「設定」をクリックして、「拡張機能」をクリック。

2 「Google Workspace」のスイッチをクリックしてオンにする。

3 確認メッセージが表示されたら「接続」をクリック。

4 GoogleマップやYouTubeなど、他のサービスのスイッチもクリックしてオンにしておく。

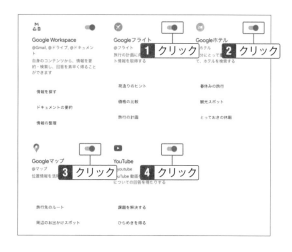

💡 Hint

Gmailの設定を確認する

Gmailとの連携には、「スマート機能とパーソナライズ」の設定を有効にする必要があります。Gmail画面右上の歯車アイコンをクリックして、「すべての設定を表示」をクリックすると表示される画面で、「スマート機能とパーソナライズをオンにする」のチェックボックスが選択されていることを確認しておきましょう。

06-05

Gmailに届いたメールを検索・要約する

メールの概要をチャットから簡単に把握

拡張機能を有効にすると、Gmailに届いたメールにGeminiのチャットからアクセスできるようになり、人に質問するような感覚でメールを探したり、概要を確認したりすることが可能になります。さらに、長いメールを要約したり、メールの返信を作成したりすることもできるので、メールの扱いに関する作業を大きく効率化できます。

特定の内容についてのメールを探す

指定した条件に合うメールを探してその概要を表示することができます。タイトルに含まれるキーワードを指定して、「○○についてのメールが届いていたら、概要を教えてください」と指示しましょう。

 入力内容

議事録についてのメールが届いていたら、概要を教えてください。

 出力結果

2週間以内に「定例会議」についてのメールが届きました。 2024年4月24日（月）13:00〜14:30に本社4階会議室Aで定例会議が開催されます。会議では、各プロジェクトリーダーからの進捗報告に加えて、新しいプロジェクトの提案があります。プロジェクトリーダーの方は報告の準備をお願いします。

メールの内容について質問する

メールの内容について詳しく確認する場合は、上記の出力結果に続けて次のように入力します。

 入力内容

4月30日に開催される、2つ目の会議について教えてください。この会議に持参するものはありますか？

4月30日に開催される2つ目の定例会議では、以下の持ち物が必要です。
　　・ノートパソコン：会議資料をクラウドで共有するため。
　　・報告資料：各部署からの報告事項がある場合は、担当者は報告資料を事前に用意
してください。

差出人や期間を指定してメールを探す

　キーワードだけでなく、差出人や受信した期間を指定してメールを探すこともで
きます。

 入力内容

Mariko Sakaiさんから、2021年から2022年の間に届いたメールを探して

出力結果

Mariko Sakaiさんから2021年から2022年の間に届いたメールは次のとおりで
す。
　　・2021年4月21日、Mariko Sakaiさんから、2021年4月22日木曜日の9:00
から11:00に予定されている会議への出席を辞退されました。会議はGoogle Meet
で開催され、URLはhttps://meet.google.com/tcn-ryau-bro?hs=224です。会議
の参加者は、主催者であるあなた、Mariko Sakaiさん、s.satou6294@gmail.com
です。
　　・2021年4月24日、Mariko Sakaiさんから、_各部署共有用_というフォルダへ
の共同作業へのご招待を通知するメールが届きました。
　　・2021年7月11日、Mariko Sakaiさんから、https://teams.live.com/meet/
9571443196319…というメモの共有を通知するメールが届きました。
　　・2022年4月15日、Mariko Sakaiさんから、研修報告書0110.docxというド
キュメントの共有を通知するメールが届きました。

出力結果からメールを絞り込む

　出力結果で提案された複数のメールから、さらに条件を指定して対象のメールを
絞り込む場合は、上記の出力結果に続けて次のように指示します。

入力内容

この中から、会議の案内以外のメールを教えてください

 出力結果

Mariko Sakaiさんから2021年から2022年の間に届いた会議の案内以外のメールは次のとおりです。

　・2021年4月24日：Mariko Sakaiさんから、_各部署共有用_というフォルダへの共同作業へのご招待を通知するメールが届きました。

　・2021年7月11日：Mariko Sakaiさんから、https://teams.live.com/meet/9571443196319…というメモの共有を通知するメールが届きました。

　・2022年4月15日：Mariko Sakaiさんから、研修報告書0110.docxというドキュメントの共有を通知するメールが届きました。

長いメールを要約する

　Geminiの回答で提案されたメールについて、内容を要約したい場合は、そのメールが提案された出力結果に続けて以下のように入力します。

 入力内容

このメールについて、内容の要約を箇条書きで教えて

 出力結果

株式会社○○から新製品「高性能複合機」が発売されました。
　・業界最高水準の印刷スピード（毎分100枚以上）
　・高性能スキャナー（毎分240枚）
　・OCR機能によるテキストデータ化
　・暗号化機能やICカード認証による個人認証など、情報漏洩防止機能
　・シンプルでわかりやすいUI
　・全国に張り巡らせたサポートネットワークによる24時間365日のサポート
　・一度実機をご覧いただき、その性能を実感していただきたいと案内されています

メールの返信を考える

　メールの要約を確認した後、それに対する返信文を作成したい場合は、上記の出

力結果に続けて次のように入力します。

 入力内容

「この製品に関心があるため、担当者から詳細な説明を聞きたい」ことを伝えるメール
の返信文を考えてください。

出力結果

山下花子 様
お世話になっております。
株式会社○○の新製品「高性能複合機」のご案内、ありがとうございます。
内容を拝見しまして、大変興味を持ちました。
特に、業界最高水準の印刷スピードや高性能スキャナーなど、業務効率化とコスト削
減に役立つ機能が魅力的だと感じております。
つきましては、ぜひ一度実機をご覧いただき、その性能を実感させていただきたいと
考えております。
担当者から詳細な説明をいただければ幸いです。
お忙しいところ恐れ入りますが、ご検討のほどよろしくお願いいたします。

⚠ Check

チャット上から直接返信はできない

　現時点では、Geminiのチャット上から直接メールの返信をすることはできません。その
ため、返信の下書きを作成した後、次ページの手順で元のメールを開き、メール内の「返
信」ボタンから返信画面を開いた後に、生成された文面をコピー＆ペーストする必要があ
ります。

1 元のメールを確認したい場合は、Geminiの回答に表示されたリンクをクリックする。

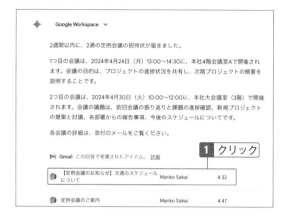

2 ブラウザの新しいタブでメールが開く。

⚠ Check

元のメールは必ず確認する

　Geminiのチャット上で確認できるメールの概要は、必ずしも正しい内容とは限りません。ときには、新着メールについて確認したにもかかわらず古いメールについての回答が返ってきたり、メールの概要に同じ差出人からの別のメールの内容が混在するなどの誤りが発生する場合もあります。そのため、チャットの回答はあくまでも簡易的な確認のためのツールとして使い、必ず元のメールにも目を通すようにしましょう。

06-06

Google ドライブのファイルを検索・要約する

ファイルを探したり内容を確認したりが楽になる

連携機能を使うと、Google ドライブに保存している Google ドキュメントのファイルを探したり、ファイルの要約を出力したりできます。また、複数のファイルの要約をまとめて確認することも可能です。ファイルを個別に開くことなく内容を把握できるので、Google ドライブ内の検索機能を使った場合に比べて効率的にファイルを探せることがメリットです。

Gemini チャットからファイルを探す

Gemini のチャット上で Google ドライブのファイルを探す場合、ファイル名に含まれるキーワードなどを指定して質問します。

 入力内容

議事録のファイルを探して

出力結果

> **Google Workspace** ∨
>
> 議事録ファイルは次のとおりです。
>
> - 定例会議議事録2024年2月13日
> - 定例会議議事録2024年3月12日
> - 定例会議議事録2024年4月9日
>
> ▲ Google ドライブ　この回答で考慮されたアイテム。　詳細
>
> 📄 定例会議議事録2024年2月13日　　　AT　　　　11:04
>
> 📄 定例会議議事録2024年3月12日　　　AT　　　　11:03
>
> 📄 定例会議議事録2024年4月9日　　　　AT　　　　11:00
>
> さらに表示 ∨

💡 Hint

元のファイルを開く

Gmailの場合と同様に、出力結果に表示されたファイルのリンクをクリックすることで、元のファイルを開くことができます。

ファイルの概要を把握する

　提案されたファイルに記載されている内容を知りたい場合は、前ページの出力結果に続けて次のように入力します。

 入力内容

2024年4月9日の議事録の内容を教えてください。

 出力結果

2024年4月9日の定例会議議事録では、営業部、経理部、製造部、総務部の各部から、今期の業務状況と来期の事業計画案が報告されました。
営業部では、今期の売上目標に対し、現在95％の達成率であることが報告されました。また、新規顧客の獲得に向けた営業活動を強化していくことが確認されました。
経理部では、前期比で経費削減が進んでいることが報告されました。また、引き続き、コスト管理を徹底していくことが確認されました。
製造部では、生産効率が前期比で5％向上したことが報告されました。また、品質管理の強化と、更なる効率化に取り組むことが確認されました。
総務部では、新人研修の実施状況と、人事評価制度の見直しについて報告されました。また、人材育成と、公正な評価制度の確立に努めることが確認されました。
新製品開発の進捗状況については、山田社長より説明がありました。開発スケジュールに遅れが生じているため、対策を講じることが確認されました。
来期の事業計画については、各部長より、来期の事業計画案が提示され、討議が行われた。目標設定と、具体的な実行計画について、次回会議で再度検討することが確認されました。

ファイルの内容について追加で質問する

　出力されたファイルの概要に対して、追加で確認したいことがある場合は、上記の出力結果に続けて質問を入力します。

 入力内容

この議事録に、次の会議の日程や場所が記載されていたら教えてください。

Googleサービスとの連携で便利に使う

次の会議は、2024年5月14日（火）10:00〜本社会議室Ｃにて開催されます。

複数のファイルの内容をまとめて確認する

　出力結果で提案された複数のファイルの概要をまとめて確認することも可能です。その場合は、ファイルの候補が出力された後（この節の「Geminiチャットからファイルを探す」の出力結果の後）に、続けて次のように入力します。

入力内容

これまでに開催された定例会議の議事録について、開催日と内容をまとめてください。

出力結果

これまでに開催された定例会議の議事録は、以下のとおりです。
　2024年1月16日（火）
　・前回議事録の確認
　・営業部報告：前年度の販売実績と、新年度の営業戦略の報告
　・経理部報告：前年度の財務状況と、新年度の予算案の報告
　（中略）
　・その他：特になし
　2024年2月13日（火）
　　・前回議事録の確認
　　・営業部報告：新規顧客の開拓状況の報告
　　・経理部報告：前期決算の概要の報告
　　・製造部報告：品質管理の強化に向けた取り組みの報告
　　・総務部報告：新人採用の状況の報告
　　・新製品開発の企画について：市場調査を行い、次回会議で具体的な開発案を討
議
　　・次期経営計画の策定について：全社的な目標設定と、部門別の実行計画の作成
を進め
　　・その他：特になし
　2024年3月12日（火）
　　・前回議事録の確認
　　・営業部報告：今期の売上目標に対し、現在90%の達成率であることが報告さ
れた
　　・経理部報告：経費削減の取り組みの報告

・製造部報告：生産ラインの自動化による効率化の報告
・総務部報告：社員満足度調査の結果の報告
・新製品開発の進捗状況について：開発スケジュールは順調に進んでいることが確認された
・来期の事業計画の策定について：次回会議で、具体的な数値目標を設定
・その他：特になし
（以下略）

複数のファイルの内容を表に整理する

複数のファイルの内容を、表にまとめることもできます。その場合は、ファイルの候補が出力された後に、続けて次のように入力します。

 入力内容

これまでに開催された定例会議の議事録について、開催日と参加者、および会議の内容を表にまとめてください。

出力結果

開催日	参加者	内容
2024年1月16日	山田太郎、鈴木次郎、佐藤花子、田中一郎、高橋健太	前回議事録の確認、営業部報告、経理部報告、製造部報告、総務部報告、新年度の経営方針について、組織体制の見直しについて、その他
2024年2月13日	山田太郎、鈴木次郎、佐藤花子、田中一郎、高橋健太	前回議事録の確認、営業部報告、経理部報告、製造部報告、総務部報告、新製品開発の企画について、次期経営計画の策定について、その他
2024年3月12日	山田太郎、鈴木次郎、佐藤花子、田中一郎、高橋健太	前回議事録の確認、営業部報告、経理部報告、製造部報告、総務部報告、新製品開発の進捗状況について、来期の事業計画の策定について、その他
2024年4月9日	山田太郎、鈴木次郎、佐藤花子、田中一郎、高橋健太	前回議事録の確認、営業部報告、経理部報告、製造部報告、総務部報告、新製品開発の進捗状況について、来期の事業計画の策定について、その他

（以下略）

06-07

拡張機能で利用するサービスを指定する

呼び出すサービスを指定して正確な結果を得やすくする

拡張機能を使う場合、指示文が「ファイルを探して」なら、Googleドライブを検索するなど、指示文に応じて適したサービスが自動で選択されます。ただし、まれにGoogleドキュメントを検索したいのにメールが検索されてしまうなど、意図したものと違うサービスの情報が出力されるケースがあります。その場合は、指示文でサービスを指定しましょう。

検索対象のサービスを指定する

1 Geminiの入力欄に半角文字の「@」を入力する。

2 データを利用するサービスの候補が自動で表示されるので、使いたいものを選んでクリック。

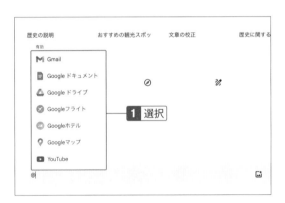

3 @に続いて選択したサービス名（ここではGoogleドキュメント）が太字で表示されるので、続けて指示文を入力する。

06-08

Gemini で Google マップを利用する

ベストな交通手段やルートを考えてもらう

Gemini で「位置情報の使用」(P.200参照)を有効にしている場合、現在地から目的地までのルートについて質問すると、Google マップ付きで答えてもらうことができます。地図の下に表示される「Google マップで開く」のリンクをクリックすれば、大きな画面でマップを見ることができます。また、ルートだけでなく近隣の店舗などを調べることも可能です。

現在地から目的地までのルートを調べる

現在地から任意の目的地までの移動経路を知りたい場合は、次のように行き先を指定して質問しましょう。(※「出力結果」の内容は、現在地が渋谷だった場合)

 入力内容

上野駅まではどう行ったらいいですか?

出力結果

渋谷から上野駅までは、電車で34分です。
Google マップ でルートを確認できます。

最適なルートを相談する

　時間や料金の面でもっともよいルートを知りたいときは、上記の出力結果に続けて次のように入力します。

 入力内容

時間が短く、かつ料金の安いルートを教えてください

 出力結果

渋谷から上野駅までは、電車で34分です。
Googleマップ でルートを確認できます。
料金は、乗車する電車の種類や乗車時間によって異なります。
最短のルートでは、東京メトロ銀座線で34分です。
東京メトロ銀座線の料金は、180円です。
したがって、渋谷から上野駅までの最短ルートの料金は、180円です。

自転車で移動できるか確認する

　移動手段を変えた場合のルートについて質問することもできます。たとえば、自転車で移動できるかどうかを確認したいときは、上記の出力に続けて次のように入力します。

 入力内容

自転車で行くことはできますか？

 出力結果

はい、渋谷から上野まで自転車で行けます。所要時間は約42分、距離は9.9kmです。
Googleマップ でルートを確認できます。

急な飲み会の場所をリサーチする

現在地付近の飲食店を調べることもできます。今いる場所の地名などを入力する必要はなく、「この近くで」「ここから徒歩圏内で」といった指示で探すことが可能です。

 入力内容

この近くで、低価格の居酒屋はありますか？

入力内容

渋谷駅周辺には、以下のような低価格居酒屋があります。
　・格安ビールと鉄鍋餃子 ３・６・５酒場 渋谷本店
　・大衆居酒屋 とりいちず 渋谷新南口店
　・土間土間 渋谷宮益坂店
　・たんと渋谷１号店
　・格安ビールと鉄鍋餃子 ３・６・５酒場 渋谷宮益坂店
これらの居酒屋は、いずれも平均的な居酒屋よりもリーズナブルな価格で、美味しい料理やお酒を楽しむことができます。

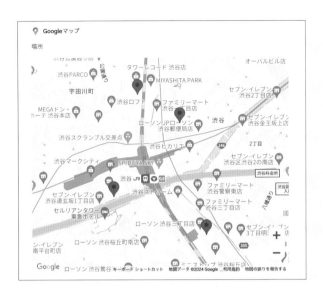

⊞ Note

さらに条件を絞り込んで探す

　出力された店の候補に対して、より細かい条件を指定して絞り込みたい場合は、上記の出力結果に続けて「1人あたりの予算がもう少し高くても構わないので、落ち着いた雰囲気で和食のおいしい店を教えてください」などと入力しましょう。

06-09

Geminiチャット上でホテルや飛行機を探す

目的地付近の宿泊施設や飛行機ルートも調べられる

Googleが提供する宿泊施設検索サービス「Googleホテル」や、航空機検索サービス「Googleフライト」の情報をGeminiのチャット上から探すこともできます。ただし、Geminiは毎回必ず正確な情報を回答できるとは限らないため、実際に予約を行う際は元のサイトに掲載された情報をしっかり確認したうえで予約することが不可欠です。

旅行先のホテルを探す

　ホテルなどの宿泊施設を探す場合は、地域と期間を指定して以下のように質問します。

 入力内容

5月10日から12日に、博多駅周辺で宿泊できるホテルはありますか？

出力結果

博多駅周辺で5月10日から12日まで宿泊できるホテルをいくつか見つけました。
　・R＆Bホテル博多駅前第2 - 機能的な客室を備えたシンプルなホテル。Wi-Fi完備。朝食を提供。宿泊客用コイン ランドリーあり。1泊あたり12,200円から。
　・ホテルウィングインターナショナル博多新幹線口 - シンプルな客室を備えたくつろげるホテル。ラウンジと屋内浴場がある。朝食を提供。Wi-Fi 完備。1泊あたり17,219円から。
　・コンフォートホテル博多 - モダンな曲線状のビルにある簡素なホテル。コンチネンタル式朝食が無料。1泊あたり15,535円から。
（中略）

06

Googleサービスとの連携で便利に使う

条件を指定してホテルを絞り込む

提案されたホテルの候補から、もっとも価格の安いホテルを探したい場合は、上記の出力結果に続けて次のように入力しましょう。

 入力内容

このなかで、大人2人で宿泊したときに価格がもっとも安いのはどこですか？

🤖 出力結果

大人2人で宿泊できるホテルの中で、最も安いのは「ホテルナインステイツ博多（無人ホテル）／ HOTEL NINESTATES HAKATA (Unmanned Hotel)」で、1泊あたり5,577円です。
シンプルな客室を備えた気取らないホテルです。客室に、Wi-Fi、ミニ冷蔵庫、電気ケトルを完備しています。
ご希望の条件に合いましたか？

📝 Note

Google ホテルで予約する

　チャットの回答下部に表示されたホテルの写真入りのリンクをクリックすると、宿泊施設の検索サービス「Google ホテル」の画面が開きます。ここからホテルの詳しい情報を確認したり、各種予約サービスから宿泊日やプランを選択して実際に予約したりできます。

海外旅行に行くための飛行機を探す

　海外へ行くための飛行機の便を調べるときは、出発地と目的地、日付を指定して次のように入力しましょう。

 入力内容

　8月1日に成田を出発して、ロサンゼルスまで飛行機で安く行くにはどうしたらいい?

🤖 出力結果

　8月1日に成田からロサンゼルスへの片道航空券を探しました。最安値は、ZG航空の10時間15分の直行便で、177,241円です。Google フライト で詳細を確認できます。

06

Googleサービスとの連携で便利に使う

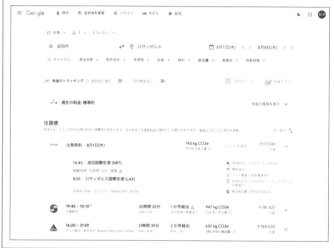

Note

Googleフライトとは？

　Googleフライトは、さまざまな航空券予約サービスの情報をまとめて検索できるサービスです。チャット画面に表示されるリンクをクリックするとGoogleフライトの画面が開き、経由地や航空会社などの細かい情報を指定して絞り込んだり、チケットを予約したりできます。

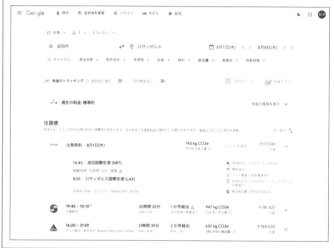

Geminiを
もっと便利に使う

Geminiには、ここまでに紹介した基本的な使い方以外にも、さまざまな便利な機能が用意されています。たとえば、最初に出力された回答とは異なる回答案を表示して選択したり、回答の長さやテイストを異なるものにしたりといったことも簡単に行えます。また、出力された回答は簡単に全文をコピーしたり、共有リンクを発行して他のユーザーと共有したりすることも可能です。これらの機能を覚えることで、Geminiをより便利に使いこなすことができます。

他の回答案を表示する

テイストの異なる回答に切り替えできる

通常の手順でGeminiと会話のやりとりをしていると、入力した指示文に対する回答は1種類だけのように見えますが、じつは全部で3つの回答案が生成されています。表示された回答に対して、「内容的には間違っていないけれど、言い回しがいまひとつ」「別の書き方にしてほしい」と感じた場合は、別の回答案の候補に切り替えてみましょう。

他の回答を表示する

1 回答の右上に表示されている「回答案を表示」をクリック。

🔎 Hint

回答案を再生成する

3つの回答案のいずれもイメージどおりの内容ではないときは、回答を再生成できます。その場合は、回答案の右側に表示されている回転矢印のボタンをクリックしましょう。新しい3つの回答案が再生成されます。

2 回答の候補が表示されるので、見たい回答をクリック。

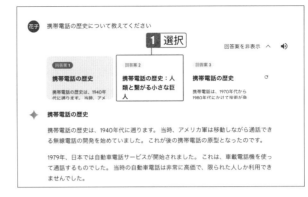

3 選択した回答が表示される。

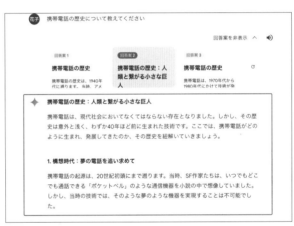

元の回答に戻したい場合

元の回答に戻したい場合は、「回答案1」をクリックしましょう。

会話を続けると回答案を選び直せなくなる

回答案の表示や切り替えができるのは、その回答に対して、ユーザー側が続きの会話を入力する前に限られます。出力された会話に対して続きの指示文を送信すると、それ以前の回答は選び直せなくなります。

回答案に納得がいかない場合は、会話を続ける前に別の回答案への切り替えを検討するようにしましょう。

回答を音声で読み上げる

生成された文章を耳で聞いて確認できる

生成された回答は、音声で読み上げることも可能です。文章に違和感がないかを耳で聞いて確認したい場合や、日本語から外国語に翻訳した文章の発音を確認したい場合などに活用できます。なお、読み上げは回答ごととなり、一連の会話をまとめて読み上げたり、自分が入力した指示文を音声で再生したりすることはできません。

回答の音声を再生する

1 回答右上に表示されているスピーカーのアイコン🔊をクリック。

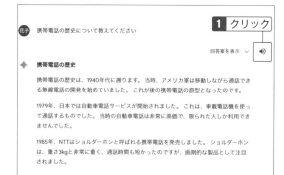

2 回答の音声での再生が開始される。再生を途中で止めたい場合は、停止アイコン⏸をクリック。

繰り返し使うチャットを固定表示する

過去のチャットにすばやくアクセスできる

チャットの履歴は画面左側のサイドバーに一覧表示されます。通常は新しいものほど上に表示され、古いものは「さらに表示」をクリックしないと見ることができなくなりますが、任意のものを上部に固定表示することも可能です。後から見返したり、続きの会話をしたり、指示文をコピー＆ペーストして再利用したりする可能性のあるものを固定しておくと便利です。

特定のチャットを一覧上部に表示する

1 画面左側のチャット一覧から、固定表示したいチャットの上にカーソルを置き、表示されたアイコン⋮をクリックして「固定」をクリック。

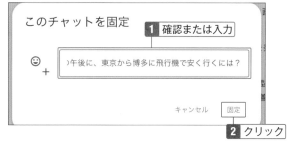

2 確認メッセージが表示されたら、一覧に表示するタイトルを確認または入力して、「固定」をクリック。

3 チャットが履歴一覧最上部に固定表示される。

07-04

回答のコピーや共有をする

Geminiの回答ややり取りを人に見せたいときは

Geminiで生成された回答をテキストとして他の場所で使いたい場合、回答下部のボタンから簡単にコピーできます。また、Geminiの表示形式そのままで質問と会話を他の人に共有したい場合は、「公開リンク」を作成しましょう。回答内の表などもそのままの形で共有でき、相手が追加の質問を入力して会話を続けることも可能です。

回答をコピーする

1 回答下部にあるアイコン ⋮ をクリックし、「コピー」をクリックすれば、回答がクリップボードにコピーされる。

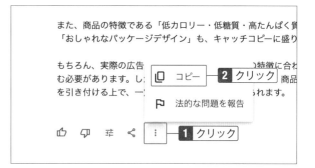

回答を共有する

1 回答下部にある共有アイコン ⋖ をクリックして、「共有」をクリック。

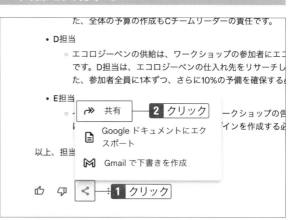

2 チャット内のその会話だけを共有する場合は「このメッセージと回答」、チャットの一連の会話をすべて共有する場合は「チャット全体」を選び、「公開リンクを作成」をクリック。

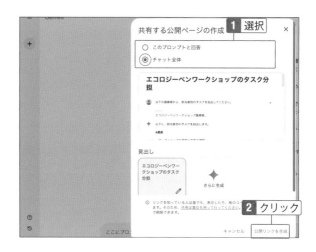

3 共有用のリンクが表示される。右側のコピーアイコン [□] をクリックすれば、リンクがクリップボードにコピーされる。

共有相手にはどう見える？

共有リンクからは、共有した範囲の会話だけを見ることができます。

共有相手がGoogleアカウントにログインしている場合、相手は「このチャットを続ける」をクリックして、続きの指示文を送ることも可能です。

07-05

チャットをリセットする

新しい会話を始めるときは

同じ話題についてGeminiと会話を続ける場合は、同一のチャット内で追加の質問や回答を入力しますが、これまでとは別の話題で会話を始めたいときは、会話をリセットして新しいチャットをスタートします。なお、新しいチャットを始めた後でも、画面左側の一覧から過去のチャットに戻ってその会話の続きを行うことも可能です。

新規チャットを作成する

1 画面左側のサイドバー最上部にある、「＋チャットを新規作成」をクリック。

2 新規チャットの画面が開き、新しい話題で会話を開始できます。

07-06

関連情報をGoogleで検索する

Googleでも調べたいときに便利

Geminiとの会話でやりとりした内容の関連情報をGoogle検索でも調べたい場合は、回答下部にあるGoogleアイコンをクリックしてみましょう。出力結果の関連情報が見つかった箇所が緑色でハイライトされ、そのまま参照元の詳細を確認することも可能です。なお、関連情報の見つからなかった箇所はオレンジ色でハイライトされます。

関連したキーワードでGoogle検索する

1 回答の下部にある
Googleアイコン G
をクリック。

これらのテクニックを組み合わせることで、Gmailで必要
けることができます。ぜひ試してみてください。

👍 👎 ⇄ ≪ ⎕ G ┈┤1 クリック⎸

2 関連情報の見つかった箇所が緑色でハイライトされる。情報を確認するには「∨」をクリック。

4. フィルタを活用する

フィルタは、特定の条件に一致するメールを自動的にラベル付けしたり、フォルダに移動したりする機能です。 ∨

- 送信者、宛先、件名、本文、添付ファイルの有無、受信日時などを条件に設定することができます。 ∨
- よく使う検索条件をフィルタとして設定しておくことで、毎回同じ条件で検索する手間を省くことができます。 ∨

5. キーボードショートカットを活用する

3 Webコンテンツの抜粋が表示され、クリックするとそのWebページが開く。

フィルタは、特定の条件に一致するメールを自動的にラベル付けしたり、フォルダに移動したりする機能です。 ∧

Google 検索で、以下のような類似するコンテンツが見つかりました。

メールのフィルタルールの作成 - Gmail ヘルプ

メイン コンテンツにスキップ. Gmail ヘルプ・ログイン. 送信するフィードバックの内容... このヘルプ コンテンツと情報. ヘルプセンター全般. 次へ. ヘルプ センター・コミュニティ・統合 Gmail の新機能. メールのフィルタルールの作成. 職場や学校で Google ...

G support.google.com

チャット履歴の確認や削除をする

過去の会話の読み返しや管理をするには

過去のチャットをもう一度見たいときは、サイドバーの一覧からいつでもアクセスできます。やり取りの内容を読むだけでなく、続きの指示文を入力して会話の続きをすることも可能です。不要な履歴は削除することもできます。また、履歴に表示される名前が分かりづらいと感じるときは、名前を変更することも可能です。

チャットの履歴を開く

1 画面左上の三をクリックしてサイドバーを表示し、「最近」の「さらに表示」をクリックする。

2 履歴が一覧表示され、クリックするとチャット画面が開く。追加の質問やメッセージを送信して、続きの会話をすることも可能。

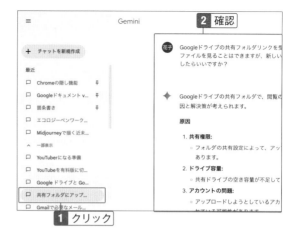

チャットの履歴を削除する

1 削除したい履歴にマウスポインタを合わせる。右端にアイコン ⋮ が表示されるのでクリック。表示されたメニューの中の「削除」をクリックする。

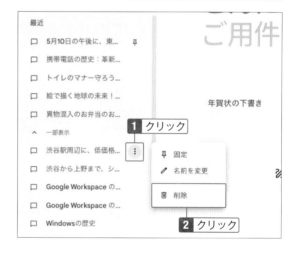

07

Geminiをもっと便利に使う

🔖 Hint

チャットの履歴の名前を変更する

　履歴一覧で各履歴の右端に表示されるアイコン ⋮ をクリックすると表示されるメニューの中の「名前を変更」を選ぶと、一覧に表示される名前を変更できます。わかりやすい名前に変更しておくと、後から探しやすくなります。

参考情報を確認する

参考情報のWebページを確認できる

Geminiによって出力された回答の下部には、「参考情報」や「リソース」として回答に関連した情報について記載されたWebページのリンクが表示される場合があります。リンク先を確認することで、生成された内容が正しいかどうかのファクトチェックを行いやすくなります。また、回答には記載されていない関連情報について調べたり場合にも役立ちます。

参考情報を確認する

１ 回答の下部に「参考情報」などが表示されている場合は、リンクをクリック。

２ 参照元のWebページ（この場合は英語版のウィキペディア）が開く。

🔥 Hint

参考情報は必ず表示されるわけではない

参考情報は毎回表示されるわけではありません。参考情報が表示されない場合は、回答下部のGoogleアイコン（P.195参照）で関連情報を調べたり、出力に対して「回答の根拠を教えてください」などと質問することで、Web上の関連情報を把握できます。

07-09

Geminiアクティビティを確認する

やりとりをGoogleアカウントに残すかどうかを設定

Geminiでは、ユーザーが入力した指示文やそれに対する回答などが「アクティビティ」として18か月間保存され、Geminiの改善のための学習に利用されます。もちろん、アクティビティを保存しない設定を選んだり、特定の会話や日付のアクティビティを削除したりすることも可能です。現在の設定の確認や削除は「マイアクティビティ」から行います。

自分のアクティビティを確認する

1 サイドバー下部の「アクティビティ」をクリック。

2 アクティビティが表示される。「Geminiアプリ アクティビティ」のドロップダウンリストから、オン・オフの切り替えが可能。

⚠️ **Check**

アクティビティを削除するには

アクティビティを削除するときは、削除したい日付や項目の右側の「×」をクリックしましょう。

位置情報の使用をする・しないを 切り替える

端末の現在地情報を Gemini で利用する

Geminiでは、ユーザーの現在地が画面下部に表示されます。初期設定では接続回線の情報から大まかな現在地を推定するしくみになっていますが、端末の位置情報を利用する設定も可能です。回答に現在地の正確な情報を反映させることができるようになります。ここでは、PC版のGoogle Chromeでの操作方法を例に切り替え方法を紹介します。

現在地情報の利用を有効にする

1 アドレスバーに表示されている🔲アイコンをクリック。

2 「位置情報」のスイッチをクリック。

💡 Hint

位置情報のスイッチが表示されない場合

　位置情報のオン・オフを切り替えるスイッチが表示されない場合は、手順2で「サイトの設定」をクリックしてChromeの設定画面に移動し、「位置情報」のドロップダウンリストで「許可する」を選びましょう。

3 メッセージが表示されたら、「再読み込み」をクリック。

4 サイドバー下部の位置情報の表示が変わらない場合は、「位置情報を更新」を
クリック。

⚠ Check

位置情報が有効になっているかどうかを確認するには？

　位置情報の利用が無効の状態で
は、グレーの丸アイコンと市区町
村単位までの地名が表示され、そ
の下に「IPアドレスを使用」の文
字が表示されます。

　位置情報が有効になっている場
合は、青い丸アイコンと詳細な地
名が表示され、「デバイスからの情
報を使用」の文字が表示されます。

● 日本、東京都渋谷区
　IPアドレスを使用・位置情報を更新

▲位置情報を利用していない場合

● 日本、東京都渋谷区鉢山町
　デバイスからの情報を使用・位置情報を更新

▲位置情報を利用している場合

07-11

回答を書き換える

選ぶだけで回答の表現を変更できる

出力された回答の表現などの方向性を変えたい場合、用意された項目から選択するだけで、簡単に書き換えることができます。「シンプルにする」などの表現の変更のほか、出力結果の長さを変えることも可能です。なお、この操作では、元の回答に上書きされる形で新しい回答が出力されます。元の回答も残しておきたい場合には、事前に回答のテキストをコピーして他の場所に保存しておくなどの対策が必要です。

回答の長さを変える

1 回答を長くしたい場合、回答下部にあるアイコン 荘 をクリックして、「長くする」をクリック。

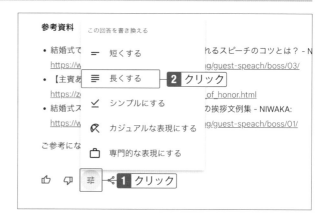

2 回答が書き換えられ、最初に出力されたものより長文の回答が表示される。

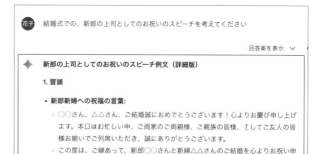

回答をシンプルにする

1 回答をシンプルな表現に書き換えたいときは、回答下部にあるアイコン 荳 をクリックして、「シンプルにする」をクリック。

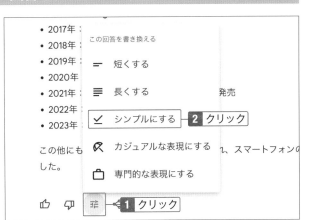

2 堅い言い回しや難しい用語の使用を控えた表現に書き換えられた文章が出力される。

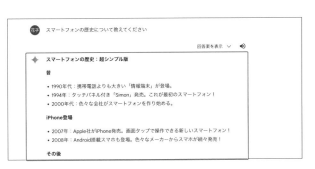

📖 **Note**

「短くする」と「シンプルにする」の違いは？

アイコン 荳 をクリックすると表示される回答の書き換えのメニューには、「短くする」と「シンプルにする」というよく似た項目がありますが、それぞれ異なるものです。「短くする」は文字数を減らしたものが出力されるのに対して、「シンプルにする」は、表現の変更がおもに行われます。

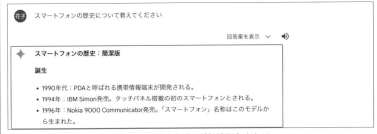

▲「短くする」を選ぶと、文字数を減らした回答が出力される

1 堅めの言い回しを使った専門的な表現に書き換える場合は、回答下部にあるアイコン 莊 をクリックして、「専門的な表現にする」をクリック。

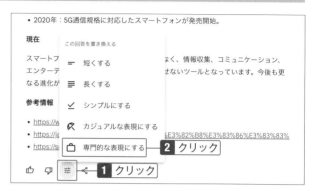

2 堅い言い回しや専門用語を使った表現の文章が出力される。

Hint

表現をカジュアルにする

「カジュアルな表現にする」を選んで回答を書き換えた場合は、専門用語や難しい表現を日常的な言葉に言い換えたり、書き手の視点での意見を入れて親しみやすさを出したりといった変更が加えられます。

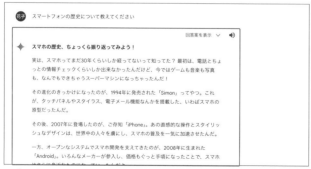

▲「カジュアルにする」を選ぶと、話し言葉や、くだけた表現を使った親しみやすい印象の回答が表示される

07-12

思いどおりの回答が得られないときは？

回答の精度を上げるには

Geminiで出力される回答のクオリティに不満がある場合、指示方法を変えることでより高い精度の回答が得られる可能性があります。ここでは、回答の精度を上げたいときに役立つ指示文の書き方のテクニックをいくつか紹介します。改善前後の入力文とそれぞれの出力結果を比較すると、指示のしかたで出力が大きく変わることがわかります。

条件を細かく指定する

　意図したものと方向性が異なる回答が出力される場合、指示文の情報が不足している可能性があります。どのような目的で、どんな人に向けた、どのようなテイストの文章を書きたいのかといった情報を具体的に示してみましょう。

 入力内容（改善前）

小売店の店内トイレに掲示する、利用マナーを呼びかける標語を3個考えてください

出力結果（改善前）

1.「気持ちよく使ってね」
2.「ルールを守って、みんなで快適に」
3.「清潔に使って、みんなでシェアしよう」

入力内容（改善後）

小売店の店内トイレに掲示する、利用マナーを呼びかける標語を3個考えてください
・男子トイレの小便器の周囲が汚れるので「あと一歩前に出て利用する」こと啓蒙します
・「マナーを守って使うことはかっこいい」という切り口にします
・端的で洗練されたイメージの標語にしてください

＜出力結果（改善後）
1.「かっこいい男は、あと一歩前に出る。」
2.「マナーを守る、それは誰かの心を守ること。」
3.「かっこいい男の証は、トイレマナー。」

複数の条件を見出しにわけて指定する

複数の条件を指定したい場合は、それぞれの条件に見出しをつけましょう。

 入力内容（改善前）

夕食のレシピを考えてください

 出力結果（改善前）

鮭のホイル焼き　調理時間が短く、魚も野菜もバランスよく摂れるので、夕食にぴったりです。
【材料】(2人分)・鮭1切れ（約150g）　・きのこ（しめじ、えのきなど）100g
（以下略）

 入力内容（改善後）

以下の条件で作ることのできる、小学生の男の子が喜びそうなボリュームのある夕食のレシピを考えてください
＜食材＞
キャベツ、もやし、玉ねぎ、豚バラ肉、卵、ちくわ
＜調理時間＞
30分以内
＜優先的に使う食材＞
豚バラ肉、卵
＜作りたいもの＞
小学生の男の子が喜びそうなボリュームのある夕食

 出力結果（改善後）

小学生の男の子が喜びそうなボリュームのある夕食のレシピを考えてみました。
「豚バラ肉と卵の中華風炒め」
材料(2人分)・豚バラ肉（薄切り）：200g　・卵：2個
（以下略）

出力のしかたの見本をつける

　出力したい形式が決まっている場合、指示文に出力の見本をつけると意図した回答を得やすくなります。表を作成するなら、縦軸と横軸に置く項目を指定します。

 入力内容（改善前）

以下は新商品のユーザーアンケートの結果です。この回答結果をテーブル形式に変換してください。

1.年齢: 25-34歳
2.性別: 女性
3.この商品を購入したきっかけは何ですか？: 友人・知人が使っていた
4.購入した商品の種類を教えてください: パステルカラーセット
　（以下にアンケート結果データ続く）

出力結果（改善前）

項目	回答1	回答2
年齢	25-34歳	18-24歳
性別	女性	男性
購入きっかけ	友人・知人が使っていた	SNS
購入商品	パステルカラーセット	単体購入（青色）

 入力内容（改善後）

以下は新商品のユーザーアンケートの結果です。この回答結果を、以下のテーブル形式に変換してください。
1.年齢 | 2.性別 | 3.この商品を購入したきっかけ | 4.購入した商品の種類
25-34歳 | 女性 | 友人・知人が使っていた | パステルカラーセット
　（以下にアンケート結果データ続く）

出力結果（改善前）

年齢	性別	購入のきっかけ	購入した商品の種類
25-34歳	女性	友人・知人が使っていた	パステルカラーセット
18-24歳	男性	SNS	単体購入（青色）

Geminiをもっと便利に使う

指示文を書き換える

　Geminiへの指示をやり直す場合に役立つのが、送信後の指示文を編集して回答を再生成できる機能です。なお、編集できるのは自分が最後に送信した指示文に限られます。

1 送信済みの指示文の横にマウスを置くと表示されるアイコン ✏ をクリック。

2 回答を書き換えたら「更新」をクリック。

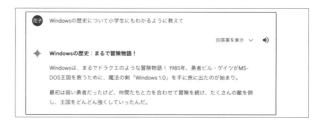

3 書き換えた指示文に対する回答が再生成される。

💡 **Hint**

回答のフィードバックを送る
　回答の下部にあるアイコン 👍 👎 をクリックすると、出力された回答に対して、「良い」「悪い」の評価をGoogleに送ることができます。評価はGeminiの品質向上に活用されます。その評価を選んだ理由や自由記述式のフィードバックを記入することも可能です。

Chapter

08

画像や検索でAIを使う

Geminiには、まだまだ楽しく便利な機能があります。たとえば、画像をアップロードしてその内容について質問できる機能では、写真に写っているものについて調べたり、観光地の写真からその場所までの行き方を調べたりといったことが可能です。また、英語版のGeminiでは、チャット上で指示することで画像を生成できる機能も提供されています。本章ではこのほかに、有料プラン「Gemini Advance」の概要やできること、Google検索に搭載された生成AI機能についても解説しています。

画像をアップロードして解析する

写真に何が写っているのかも答えてもらえる

Geminiには、テキストで指示文を送るだけでなく、画像をアップロードしてその内容について回答する機能も用意されています。写真に写っている動物が何なのかを質問したり、観光地までの行き方を調べたり、問題集をスマホのカメラで撮影して分からない問題の解き方を教えてもらったりと、アイデア次第でさまざまな活用ができます。

画像をアップロードして説明してもらう

　チャット入力欄に画像をアップロードして、その画像についての質問をテキストで入力して送信することで画像の内容を解析できます。

1 チャット入力欄に写真をドラッグ＆ドロップするか、左側のアイコン🖼をクリックし、PCやスマホに保存している写真を選択。

1 画像をドラッグ＆ドロップ

ここにプロンプトを入力してください

emini は不正確な情報（人物に関する情報など）を表示す...い。 プライバシーと Gemini アプ

2 画像についての質問などの指示文を入力し、アイコン▷をクリック。

これは何ですか?

1 入力

2 クリック

Gemini は不正確な情報（人物に関する情報...バシーと Gemini アプリ

3 回答が表示される。ここでは、食事の写真をアップロードした結果、「スパゲッティとコーヒー」と、正確に答えることができている。

動物の種類を調べる

　写真に写っている生き物の種類についてたずねることもできます。調べたい生き物の写真をアップロードして、次のように質問しましょう。

 入力内容

この動物は何ですか?

出力結果

画像に写っている動物は、馬(うま)です。茶毛で、たてがみと尾が長く、体は筋肉質です。地面に立っており、周囲を見渡しているように見えます。
(中略)
画像に写っている馬は、品種を特定することは困難です。しかし、画像の馬は、モンゴル馬やプルジェワルスキー馬などの東洋馬に似た特徴を持っているようです。
モンゴル馬は、モンゴル原産の馬です。体格が小さく、丈夫で、寒さに強いのが特徴です。プルジェワルスキー馬は、世界唯一の野生馬です。モンゴルや中国に生息しています。
画像の馬は、モンゴル馬やプルジェワルスキー馬の血を引いている可能性があります。しかし、家畜化された馬であるため、品種を特定することは不可能です。
以上のことから、画像に写っている動物は、家畜化された馬である可能性が高いと考

えられます。品種は特定できませんが、モンゴル馬やプルジェワルスキー馬などの東洋馬に似た特徴を持っているようです。

人物の写真を調べることはできない

　現時点では、人物の写真について人名などを答えることはできません。人物写真をアップロードすると、画像が自動で削除され、対応していない旨の回答が返ってきます。

写真の観光地までのルートを調べる

　観光地の写真をアップロードすれば、任意の場所からその場所までのルートを調べることも可能です。テキストで質問した場合と同様に、複数の交通手段での候補が表示されます。

 入力内容

東京駅からこの場所への行き方を教えてください

Googleマップ ∨

東京駅から東京タワーまでは車で11分です。距離は3.1kmです。

Googleマップ でルートを確認できます。

Googleマップ

東京駅から東京タワーまでのルート

（以下略）

気になるモニュメントの設置場所を調べる

東京タワーのような有名な観光地でなくても、気になるモニュメントの写真を
アップロードして設置場所を質問すると、回答が得られる場合もあります。

 入力内容

このモニュメントはどこにありますか？

あなたが送ってくれた画像に写っているモニュメントは、東京都渋谷区にある「KISS,
TOKYO」のベンチオブジェです。
場所
　・渋谷川沿いの遊歩道「渋谷リバーストリート」
　・キャットストリートと井の頭通りの交差点付近
　・渋谷駅ハチ公口から徒歩約10分
アクセス
　・電車
　　・JR渋谷駅 ハチ公口から徒歩約10分
　　・京王井の頭線 渋谷駅 徒歩約5分
（以下略）

　前ページの回答では、モニュメントの大まかな設置場所や駅からのアクセスについて正しい情報が出力されています。ただし、正確な設置場所をたずねる追加質問では、実際の場所から少しずれた場所を指したGoogleマップが出力されました。実際に訪れる場合には、回答下部に表示された参考リンクなどから信憑性の高いWebサイトの情報を確認する必要があります。

　回答は必ずしも正確とは限らないため、大まかな情報を把握するための手段として使うのがよいでしょう。

問題の解き方を教えてもらう

　問題集や試験の過去問などの画像をアップロードすることで、解き方のプロセスを解説してもらうこともできます。

 入力内容

> 問1　16進小数 0.C を 10 進小数に変換したものはどれか。
>
> 　ア　0.12　　　　イ　0.55　　　　ウ　0.75　　　　エ　0.84

この問題の解き方を教えてください

出力結果

問題の解き方を説明します。
16進小数 0.C を10進小数に変換するには、まず 16進数を2進数に変換します。16進数の 0 は 2進数の 0000 であり、C は 2進数の 1100 です。したがって、16進小数 0.C は 2進小数 0.1100 となります。
次に、2進小数 0.1100 を10進小数に変換します。2進小数では、各桁の重みは左から順に 2^0、2^-1、2^-2、2^-3 となります。したがって、2進小数 0.1100 は次のようになります。
0.1100 = 0 * 2^0 + 1 * 2^-1 + 1 * 2^-2 + 0 * 2^-3
= 0 + 1/2 + 1/4 + 0/8
= 1/2 + 1/4
= 3/4

= 0.75
したがって、16進小数 0.C の10進小数表現は 0.75 となります。
以上の説明をまとめると、次のようになります。
    1.16進数を2進数に変換する。
    2.2進小数を10進小数に変換する。
この問題の答えは ウ の 0.75 となります。

出力結果に対して追加の質問をする

　画像をアップロードして得られた回答に対して、追加で質問をすることも可能です。追加の質問は、テキストのみ、テキストと画像の組み合わせのどちらも利用できます。

 入力内容

「0.C」のCとは、どういう意味ですか？

出力結果

16進数において、「0.C」のCは、10進数で12を表します。
16進数は、0からFまでの16個の数字を使って表されます。それぞれの数字は、2の累乗に対応しています。
    ・0: $2^0 = 1$
    ・1: $2^1 = 2$
    ・2: $2^2 = 4$
    ・...
    ・A: $2^{10} = 1024$
    ・B: $2^{11} = 2048$
    ・C: $2^{12} = 4096$
    ・...
    ・F: $2^{15} = 32768$
よって、「0.C」は、次の式で表されます。
$0.C = 0 \times 16^0 + C \times 16^{-1}$
ここで、Cは16進数で12、10進数で4096となります。
つまり、「0.C」は、16進数で0、10進数で0に、16進数で12、10進数で4096分の1を足した数となります。
10進数に換算すると、0 + (12 / 16) = 0.75となります。
このように、16進数のCは、10進数で12を表します。

08-02

Googleアカウントの言語設定を変更する

英語版のみの新機能を試すことができる

英語版のGeminiには、日本語版のGeminiではまだ提供が開始されていない最新機能も提供されています。Googleアカウントの言語設定を英語に切り替えることで、英語版のGeminiだけで使える機能を使えるようになります。なお、言語の切り替えを行うと他のGoogleサービスのメニューなどもすべて英語で表示されるようになります。

アカウントの言語設定を英語にする

1 Geminiの画面で、右上のアカウントアイコンをクリックして、「Googleアカウントを管理」をクリック。

2 「個人情報」を選択し、「ウェブ向けの全般設定」内にある「言語」の「日本語（日本）」をクリック。

3 「優先言語」のアイコン 🖊 をクリック。

4 「言語を入力」の欄に「English」と入力すると表示される候補から「English」をクリック。

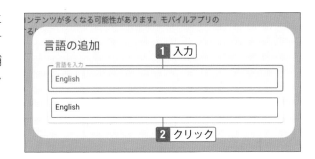

5 使用する英語の地域（ここではUnited States）を選択し、「保存」をクリック。

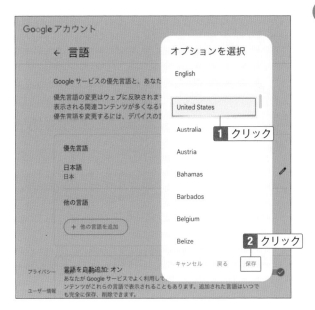

6 アカウントの言語設定が英語に切り替わり、設定画面の項目名などが英語で表示されるようになる。

チャット上で画像を生成できる

Geminiと他のGoogleサービスを連携できる最新機能を試す

英語版のGeminiは、画像の生成にも対応しています。チャットから作りたい画像の内容を英語のテキストで指示することで画像が生成され、気に入ったものはダウンロードすることも可能です。この機能を使うには、Googleアカウントの言語設定を英語に切り替える（P.216参照）操作を行い、指示文も英語で入力する必要があります。

内容を指示して画像を生成する

画像を生成するには、以下のように英語で指示文を入力します。

 入力内容

Draw a pastel painting of two cats playing.
（※以下、和訳です。入力内容には含まれません。）
2匹の猫が遊ぶパステル画を描いて

出力結果

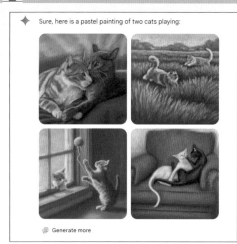

Sure, here is a pastel painting of two cats playing:

Generate more

生成された画像をダウンロードする

1 生成された画像をダウンロードするには、画像の上にマウスポインターを置くと表示されるアイコン「↓」をクリックする。

1 クリック

💡 **Hint**

画像の拡大表示

画像をクリックすると拡大表示できます。下部の小さな画像をクリックすることで、他の画像に切り替えることが可能。この画面からダウンロードする場合は、右上のアイコン「↓」をクリックしましょう。

💡 **Hint**

画像を追加で生成する

画像のバリエーションがもっとほしい場合は、生成画像左下の「Generate more」（さらに生成する）をクリックしましょう。同じ指示文を使って追加で画像を生成できます。

有料版「Gemini Advanced」でできること

より高精度な最上位モデルを利用できる

Geminiには、より高精度な生成結果が得られる有料版サービス「Gemini Advanced」も提供されています。本章では、Gemini Advancedを利用できる有料プランへの登録方法やGemini Advancedの使い方、無料版Geminiとの精度の違いについて説明します。Geminiの出力結果に不満を感じている場合は利用を検討するとよいでしょう。

「Gemini Advanced」とは？

　Gemini Advancedは、Geminiの有料版サービスの名称です。ここではまず、サービス名とモデル、プランの関係について簡単に整理します。

　サービスとしてのGeminiの裏側では、同じ名前のAIモデル「Gemini」が動いています。生成AIの精度を左右するのがこのモデルで、無料版Geminiでは、2023年12月に発表されたモデル「Gemini 1.0 Pro」を利用できます。一方、有料版のGemini Advancedでは、2024年5月から一般提供が開始された最新モデル「Gemini 1.5 Pro」の利用が可能になります。つまり、有料版のGemini Advancedを利用することで、より高精度な出力結果を得られるようになるのです。

　Gemini Advancedを利用するにはGoogleが提供する有料定額プラン「Google One AI プレミアム」への登録が必要です。このプランでは、Gemini Advancedを利用できるほか、英語版ではGmailやGoogleドキュメント上でもGeminiを利用可能になります。加えて、2TBのオンラインストレージも利用可能になります。

サービス名	Gemini	Gemini Advanced
チャット上で利用できるモデル	Gemini 1.0 Pro	Gemini 1.0 Pro Gemini 1.5 Pro
登録が必要なプラン	不要	Google One AI プレミアム
料金	無料	2900円／月

Gemini Advancedが使える有料サービスに加入する

1 Google Oneのプラ
ン選択ページ（htt
ps://one.google.
com/about/plans?
hl=ja）にアクセス
し、支払い単位（月単
位または年単位）を
選択した後、「AI プレ
ミアム」の「特典を利
用」をクリック。

2 利用規約が表示され
たら「同意する」を
クリック。

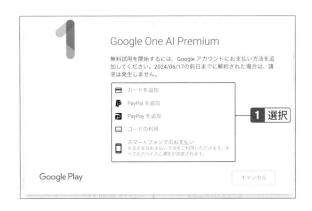

3 料金の支払い方法を
選び、画面に表示さ
れる手順にしたがっ
て登録を完了させ
る。

221

「Gemini Advanced」を利用する

1 前ページの手順で「AI プレミアム」プランに登録した後、Geminiにアクセスし、画面左上に「Gemini Advanced」と表示されていることを確認する。

2 無料プランの場合と同様に、画面下部の入力欄に指示文を入力して利用する。

3 「AI プレミアム」プラン登録後に、無料版のGeminiを使いたい場合は、左上の「Gemini Advanced」の文字をクリックすると表示されるドロップダウンリストで「Gemini」を選択する。

📋 Note

無料版を使った後は切り替え忘れに注意

新しいチャット画面を開いたときは、無料版Gemini と Gemini Advancedのうち、前回使用したものが選択された状態になります。無料版Geminiに切り替えて使った後に新しいチャットで再度Gemini Advancedを利用したいときは、忘れずに切り替えを行いましょう。

無料版GeminiとGemini Advancedの生成結果の違い

　ここでは、無料版GeminiとGemini Advancedで同じ指示文を入力したときの、出力結果の違いを紹介します。

 入力内容

私たちは飲食店を営んでいます。先日、テイクアウトのお弁当を購入したお客さまより、「ミートボールに異物が混入していた」とのクレームがありました。ミートボールは業務用の冷凍食品を使っているため、当店で異物が混入したわけではありませんが、お客さまには誠実に謝罪をしたいと思っています。言い訳だと受け取られないように事情を説明し、お詫びの気持ちを伝えるにはどのような謝り方が適切でしょうか？

出力結果（無料版Gemini）

この度は、当店のご利用中にミートボールに異物が混入していたとのことで、大変ご迷惑をおかけし、誠に申し訳ございません。心よりお詫び申し上げます。
お客様にご不快な思いをさせてしまいましたこと、深く反省しております。
当店では、業務用の冷凍ミートボールを使用しており、当店で異物が混入することはございません。冷凍ミートボールの製造過程において、異物が混入してしまった可能性がございます。
　（以下略）

出力結果（Gemini Advanced）

この度は、お弁当のミートボールに異物が混入していたとのことで、ご不快な思いをさせてしまい、大変申し訳ございませんでした。
当店のミートボールは、○○社の冷凍食品を使用しております。ただちにメーカーに報告し、原因究明と再発防止を依頼いたします。
お詫びといたしまして、お弁当の代金を返金させていただきます。また、新しいお弁当とお取り替えさせていただくことも可能です。
お客様には大変ご迷惑をおかけいたしましたこと、重ねてお詫び申し上げます。
今後とも、当店をご愛顧いただけますようお願い申し上げます。
　（以下略）

📄 **Note**

出力結果に違いの出る用途、出ない用途
　無料版GeminiとGemini Advancedでは、すべての用途で精度に違いで出るとは限りません。シンプルな指示文で簡単なメールの文面を作成する場合など、あまり複雑ではない作業では、あまり大きな違いが生じないケースもあります。そのため、無料版Geminiで問題なく利用できている場合は、このまま無料版を使い続ける選択をしてもよいかもしれません。

08-05

Google検索にAIの回答を出す

Google検索の結果にも生成AIが登場

Google検索にも、生成AIを使った新しい機能「SGE」が導入されています。なお、これはGoogle検索の結果から概要を作成して検索結果の上部に表示するもので、Geminiとはしくみは異なります。通常の検索より情報を把握しやすく、参照元のサイトへのリンクも明示されるので、根拠となる情報もすばやく確認できる点がメリットです。

SGEを有効にする

SGEは試験機能として提供されている機能です。利用するには新機能を試用できる「Search Labs」への登録が必要です。

1 Search Labsのページ（https://labs.google.com/search）にアクセスし、「SGE：生成AIによる新しい検索体験」の「オンにする」をクリック。

2 SGEの機能が有効になり、「ON」の文字が表示される。

検索結果でAIの回答を見る

　SGEを有効にすると、Google検索の結果の最上部に、生成AIによる回答が表示されるようになります。

1 Google検索を行うと、検索結果上部にAIによる回答が表示される。全文が表示されていない場合、続きを読むには「もっと見る」をクリック。

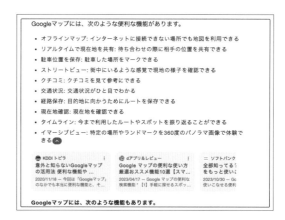

2 回答の全文および、参照元となるWebサイトへのリンクが表示される。

⚠ **Check**

AIの回答が表示されない場合もある

　検索した言葉によっては、検索結果にAIの回答が表示されないケースもあります。また、最初から回答が表示されずに「AIによる概要を生成しますか?」のメッセージが表示されることもあります。その場合は、「はい」をクリックすると回答が生成されます。

追加の質問をする

　検索結果に表示されたAIの回答に対して、追加で質問をしたい場合は、次のように操作しましょう。

1 回答の最下部に表示される入力欄に、追加の質問を入力してアイコン▷をクリック。

2 追加の質問に基づく検索結果が表示される。さらに質問を重ねたい場合は、画面下部の入力欄に質問を入力して送信する。

📓 **Note**

追加質問の候補を利用する

　AIの回答には、追加質問の候補も表示されます。知りたい質問の吹き出しをクリックすれば、その質問に対する回答および検索結果が表示されます。

用語索引

227

目的別索引

な行

は行

さ行

ま行

た行

■著者

酒井 麻里子（さかい まりこ）

ITジャーナリスト／ライター。生成AIやXR、メタバースなどの新しいテクノロジーを中心に取材。その他、技術解説やスマホ・ガジェットなどのレビューも。著書に『趣味のChatGPT』（理工図書）、『先読み！IT×ビジネス講座ChatGPT』（共著・インプレス）など。Yahoo!ニュース公式コメンテーター。株式会社ウレルブン代表。
XRと最新テクノロジーのWEBマガジン『TechComm-R』運営。

著者SNS

X（※旧Twitter）：@sakaicat
Threads：@sakaimariko24

■カバーデザイン

高橋 康明

Gemini完全マニュアル

発行日	2024年　6月20日	第1版第1刷

著　者　酒井　麻里子

発行者　斉藤　和邦
発行所　株式会社　秀和システム
　　　　〒135-0016
　　　　東京都江東区東陽2-4-2　新宮ビル2F
　　　　Tel 03-6264-3105（販売）Fax 03-6264-3094
印刷所　株式会社シナノ　　　　　Printed in Japan

ISBN978-4-7980-7282-1 C3055